全国农业专业学位研究生教育指导委员会立项教材

农业专业学位研究生核心课程配套教材

食品安全案例

郭顺堂　主编

中国轻工业出版社

图书在版编目（CIP）数据

食品安全案例/郭顺堂主编．—北京：中国轻工业出版社，2025.1

ISBN 978－7－5184－4184－6

Ⅰ.①食…　Ⅱ.①郭…　Ⅲ.①食品安全—案例—高等学校—教材　Ⅳ.①TS201.6

中国版本图书馆CIP数据核字（2022）第209330号

责任编辑：马　妍
策划编辑：马　妍　　责任终审：劳国强　　封面设计：锋尚设计
版式设计：砚祥志远　　责任校对：朱燕春　　责任监印：张京华

出版发行：中国轻工业出版社（北京鲁谷东街5号，邮编：100040）
印　　刷：北京君升印刷有限公司印刷
经　　销：各地新华书店
版　　次：2025年1月第1版第2次印刷
开　　本：787×1092　1/16　印张：12
字　　数：277千字
书　　号：ISBN 978－7－5184－4184－6　定价：48.00元
邮购电话：010-85119873
发行电话：010-85119832　010-85119912
网　　址：http://www.chlip.com.cn
Email：club@chlip.com.cn

242547J1C102ZBQ

农业专业学位研究生食品加工与安全领域核心课程配套教材
编委会名单

农业专业学位研究生食品加工与安全领域核心课程配套教材
序　　言

国务院学位委员会《专业学位研究生教育发展方案（2020—2025）》指出，到2025年，将硕士专业学位研究生招生规模扩大到硕士研究生招生总规模的三分之二左右。这意味着未来我国的硕士研究生教育将从以学术型为主向以专业型为主转变，体现了新时期研究生培养改革主动服务需求、坚持问题导向和全面提高质量的重要内涵。

对比传统的学术型研究生教育，专业学位研究生教育尤为强调培养研究生“解决实际问题”的能力。全国农业专业学位研究生教育指导委员会（以下简称农业教指委）食品加工与安全领域分委员会（以下简称领域分委员会）历来重视教学教法体系的创新与实践。在教育部、农业教指委的指导下，领域分委员会在指导性培养方案制定过程中将“食品安全案例”“食品产业信息与网络技术”“食品质量与安全控制”“食品加工与贮运”四门课程确定为领域核心课程，并组建了专家组开展领域核心课程指南制定、课程建设、教材规划、案例教学教法研究等相关工作。

课程配套教材对研究生知识结构和综合素养的构建具有重要作用。2020年，农业教指委发布《关于开展全国农业专业学位研究生课程教材立项建设的通知》，领域分委员会即刻组建了由领域组和教指委秘书处专家组成的领域教材编委会，并按照“组建具有代表性的跨校教材编写团队”的要求，邀请各研究方向具有丰富教学和科研工作经验，对所申请立项建设的教材内容具有充分教学实践和研究积累的专家学者组成编写团队，确定四门核心课程教材的主编、副主编以及参加编写人员。该系列教材是集全国食品学科权威、具有代表性院校师资智慧和经验编写而成，反映该领域全面的基础知识、前沿研究进展和应用成果，有助于食品领域专业学位研究生搭建专业知识体系，各高校可根据本校研究生培养情况，积极选用该系列教材。我们也将倾听各高校师生意见，根据领域发展情况，进一步完善系列教材。

本次教材建设内容，汇聚了领域专家的大量心血，为提升专业学位研究生培养质量，促进食品类专业学位向前发展奠定了重要基础。在此对参与编写教材的所有专家表示感谢。

郭顺堂

2023.1

本书编写人员

主　　编　郭顺堂　中国农业大学

副 主 编　何计国　中国农业大学

彭星云　中国农业大学

参编人员（按姓氏笔画排序）

王　力　集美大学

左　锋　黑龙江八一农垦大学

石　超　西北农林科技大学

朱龙佼　中国农业大学

朱雨辰　中国农业大学

刘爱平　四川农业大学

许文涛　中国农业大学

张英慧　康复大学（筹）

陈　芳　中国农业大学

陈振家　山西农业大学

苗　敬　中国农业大学

董同力嘎　内蒙古农业大学

韩翠萍　东北农业大学

魏雪团　华中农业大学

前　言

自组建专项团队研究食品安全案例教学教法迄今已6年有余。在此期间，团队合作撰写了农业专业学位研究生食品加工与安全领域案例撰写评审、入库标准，并成功在教育部学位与研究生教育发展中心的中国专业学位案例中心平台完成食品加工与安全领域专业学位案例库架构及开库工作，完成入库案例11篇，成功探索出了“个人作业-小组讨论-集体总结”的三阶段食品安全案例教学模式，实践效果良好。团队通过编制课程指南、编写规范体例、撰写示范案例、发表教改文章、举办师资培训、开展案例辅导，对案例教学教法进行了广泛宣传。相关成果获北京市教育教学成果奖1项，全国农业专业学位研究生教育指导委员会研究生实践教学成果奖1项，中国农业大学教学成果奖2项。在此，对中国农业大学食品科学与营养工程学院的王世平教授、梁建芬教授、何计国副教授、石英副教授以及营养与健康系许文涛教授表示衷心的感谢。

食品安全案例教学有引导学生学习和巩固食品安全基础知识作用的一面，更重要的是让学生置身于事件“情景”中，学会思考问题，学会团结合作，能够提出切实可行的解决思路和方案，是一种提高学生解决实际问题能力的半实践性教学法。然而，我们在教学教法的研究中发现，有些教师对案例教学的认识存在一定的误解。比如，将案例教学的案例等同于对安全事件简单的记录、纪实、汇总，将案例简单理解为巩固食品安全相关知识的载体，不能让学生通过案例体验食品安全的问题和解决办法，认为案例教学的问题都具有准确的参考答案等。

基于这些问题，我们认为有必要编写一本专业的、采用案例教学方式的、师生都能够使用的教材。

在本书中，在案例选题方面，我们除了选择传统的负面食品安全事件作为案例之外，还增加了正面引导型的案例，案例种类包括安全类（微生物、毒素、非法添加剂等）和管理类，附录提供了部分案例教学问题及其答案。在案例正文写作方面，更加注重案例完整性、客观性、创新性、知识点与案例的内在联系性以及写作逻辑，同时在部分案例中，也增加了同类案例以进行知识点的拓展。在案例教学指导书方面，更加突出采用案例教学法的思路，提倡案例教学尽量采用情景模式，引导学生进行建设性讨论而非辩论，以提高学生认识，掌握解决问题的方法，更加明确教师在案例教学组织实施的过程中，一定要摒弃标准答案和“一言堂”，更要杜绝不理智的批评，要引导学生多角度看问题，探索更好的解决问题思路，多角度评价学生提出的方案。本书重新定义了案例启示，启示是教师或案例作者对案例的分析或一些看法，是供参考的，而不是标准答案，并对教材所涉及的案例知识和解决办法进行了深入挖掘。

感谢四川农业大学刘爱平、西北农林科技大学石超、内蒙古农业大学董同力嘎、山西农业大学陈振家、黑龙江八一农垦大学左锋、集美大学王力、华中农业大学魏雪团、东北农业大学韩翠萍、康复大学（筹）张英慧、中国农业大学陈芳、许文涛、何计国、彭星云、朱雨辰、朱龙佼、苗敬为本书编写付出的辛勤劳动。

由于作者业务水平和能力有限，书中涉及知识和提出的看法出现错误在所难免，敬请各位读者不吝赐教，以助我们今后改进工作。希望本书能够为全国食品领域开展案例教学起到抛砖引玉的作用，促进案例教学教法更好地发展，提高我们的专业教育水平。

主　编

2023 年 1 月

目　录

第一章
绪 论

学习指导：案例教学法是一种通过对真实的事例模拟，培养学生收集知识、综合分析、独立思考和解决问题能力的现代教学方式。根据专业硕士学位的培养目标和要求，本章分析了将案例教学引入专业硕士学位研究生教育的必要性，指出了在目前案例教学时存在的问题，提出了推进其发展的措施。

知识点：案例教学，专业硕士，食品安全

专业硕士学位研究生教育是研究生教育体系的重要组成部分，是培养高层次应用复合型专门人才的重要途径。积极发展专业学位研究生教育，是建设创新型国家、实现伟大复兴战略对人才培养的必然要求，也是研究生教育服务国家经济建设和社会发展的必然选择。食品相关的专业学位是农业和工程硕士研究生教育体系的重要组成部分，而“食品安全”是农业全产业链建设和食品行业发展的前提，是农业硕士、食品工程硕士专业学位教育不可或缺的重要内容。

在“食品加工与安全”领域、食品工程硕士教育开展近十多年来，教育理念越来越适合我国实际，目标和定位越来越明确。专业硕士学位秉承现代教育理念，是以现代农业产业链发展的人才和技术需求为导向，培养农业与食品产业相对接的高层次应用复合型专门人才的专业学位。例如农业专业硕士的“食品加工与安全”领域专业学位人才培养目标是，掌握农业与食品产业领域相关理论知识，具有较强的解决生产实际问题的能力，能够承担专业技术和产品研发或管理工作以及具有良好职业素养的高层次应用复合型专门人才。通过该专业硕士学位的教育，可有效地满足我国食品加工、食品安全管理方面的人才需求，同时通过提高在岗人员的学位教育，使现有的人才能更好地为当地农业现代化和农村发展服务。这也是当前我国农业、农村产业振兴的迫切需要，适应了我国现代化建设的要求。

为满足专业学位硕士培养要求，各高校不断加大经费投入，改善办学条件，在教学和培养方面，实行课程教学与实践教学联合培养的模式，加强校内外实验实践基地建设和人才联合培养工作。与此同时，个别院校在教学模式上进行不断创新和探索，例如在课程设置上开展模块式课程教学，在教学方式上引进食品安全案例辨析等，为食品专业硕士学位研究生的培养模式探索和创新起到了带头作用。

一、开展案例教学在食品安全领域人才培养的必要性

专业硕士实践性要求高，重点培养学生有关食品加工、食品安全控制技术研究和技术推广等方面的能力，主要是为相关企事业单位和管理部门培养具有坚实的基础理论和宽广的专业知识，能够独立承担农产品加工与安全相关的专业技术或管理工作，

具有较强解决实际问题的能力，具有良好职业道德的高层次应用复合型人才。因此，在该领域的课程设置和教学上要体现出宽广性、综合性、实用性和前沿性的内容，使学生通过本专业硕士学位的学习，可以掌握农产品生产、食品加工过程、农产品贮藏和物流学等系列知识，不但具备农产品和食品原料安全检测技术操作能力、农产品质量与安全管理能力，而且具有食品安全事件的应急处理和协调能力。显然，专业学位教育更注重实践中解决问题，实践中发明创造。因此，只有注重实践或与实践相结合的教学模式才符合专业人才培养目标的要求。

案例教学就是将实践引入课堂的一种教学法。20 世纪初，美国哈佛大学工商管理研究生院创造了案例教学法，又称“哈佛教学法”，当初主要培训企业管理人才，现已在世界许多国家广泛采用。案例教学法是通过在教学中还原或模拟真实的事例，让学生能够在特定的情景中对案例进行体验、分析、决策，从而培养他们收集知识、综合分析、独立思考和解决问题能力于一体的一种现代教学方式。它采用的是以问题为基础的学习方式，是一种学生自学与教师指导相结合的教学法，在课程的学习和实践过程中，对培养学生主动学习能力具有明显的优势。案例教学法也是培养学生辩证思维能力、临阵实战能力的重要方法，可大大提高学生运用相关知识思考和解决实际问题的能力。基于这一特点，案例教学法非常适合实践能力要求较强的专业学位教学，也值得大力推广应用。

在食品安全相关课程中，通过具体的案例使学生理解和掌握有关食品安全的原理、安全事件发生的规律并寻求解决方案，不仅有利于强化食品专业学位研究生实践能力的培养，也有利于强化培养目标与考核要求相互衔接，进一步推进以产学合作为中心、以实践应用能力培养为重点的专业学位研究生培养新模式。因此，实施食品安全案例教学是进一步提高食品专业学位研究生培养质量的重要举措。

二、食品安全案例教学实践及存在的问题

1. 我国高校开展食品安全案例教学的情况

现代案例教学最早是由我国工商行政代表团于 1979 年访问美国后引入国内的。随着改革开放的深入，案例教学法的授课效果日益为我国教育界所认同，现已在法律、企业管理、中医、经济数学、计算机语言、证券投资、财务会计等诸多专业的相关课程中得到充分推广，在医学和法律专业中应用尤其广泛。

近年来，在食品领域采用案例教学授课方式在各高校中越来越普遍。案例教学被引入“营养与食品卫生学”“果蔬贮藏加工学”“食品微生物学”“食品添加剂应用与检测技术”等系列课程中。其中，国内部分高校将案例分析法应用到食品安全课程中，也取得了很好的效果。沈阳药科大学中药学院将案例式教学应用于“保健食品质量与安全评价”课程后，大大提升了教学效果。湖南文理学院将案例教学应用在“食品安全与质量控制”中，通过释义案例、综合分析案例和情景模拟案例三种类型案例进行

分析和讨论，大大激发学生的学习兴趣，加深了学生对讲授知识点的理解和分析运用能力，实现了理论和实践的有机融合。中国农业大学对食品案例教学法进行了研究，发表了《案例教学法在食品安全课程教学中的应用》《转基因食品安全课程案例法教学改革与实践》等论文，将食品安全课程及转基因食品安全课程与全球视野的课程定位相结合，非常受学生的欢迎，教学效果提升显著。

2. 食品安全案例教学中存在的问题及原因分析

虽然案例教学模式对食品安全领域具有诸多优势和积极作用，但纵观我国专业硕士学位研究生的教学总体情况，由于食品领域专业硕士案例教学引入较晚，教学规程尚不清晰、教学评价标准尚不明确，案例资源库的建设也相对滞后，各培养单位均处于自行摸索阶段，目前的教学还存在诸多问题，主要表现在：

（1）案例教学与举例教学不分　从目前的教学情况来看，虽然已有部分老师采用了案例教学模式进行授课，但是多数老师将举例教学等同于案例教学，不清楚案例教学的教学方式。案例教学是将案例作为教学的中心环节，通过对案例的分析和讨论，归纳出案例中反映的原理，增强学生主动学习的能力，提高学生综合运用知识和解决实践问题的能力。而举例教学只是在讲解理论或技术原理时引入一些具体的事例对理论或技术原理进行强化和说明，是方便学生理解知识内容和强化内容记忆的一种方式。

（2）讲授的“本位主义”　长期以来，教师凭借对课堂和对授课内容拥有绝对的主动权，被赋予了“长者”“智者”的身份，而学生被看作是需要教育的对象。这种“授道解惑”的角色定位使得教师的教学思维和习惯固定化。教师将课堂的“话语权”控制在自己手里，学生则更多的时候只是一名沉默的学习者，在学习上多数为“死记硬背”的被动接收，很难有机会表达自己的观点和认知，因此，这种“填鸭式”教学很难调动学生主动学习和思考的积极性。

（3）教学方式和方法及组织能力不足　案例教学一般可分为两个阶段，前期准备阶段和实际应用阶段。准备阶段应在课前完成，通过问题的形式引导学生自主阅读案例、查阅资料、回答问题；实际应用阶段则由理论引导、案例引入、案例讨论、案例总结和反思等环节组成，是案例教学的主体部分。因此，教师应在授课前将案例告知学生，要求学生围绕案例所涉及的问题查找资料，为课堂学习和讨论做好充分的准备。但在实际教学过程中，很多教师并没有在课前将案例提供给学生，教学内容准备不足。此外，在教学方式和方法上也存在较多问题。不少教师直接将案例做成讲义，灌输式地给学生们讲述，虽然有分组讨论，但时间偏短，无法充分调动学生的积极性；在讨论环节教师的任务是促使学生积极思考，协助学生理清思路，但很多教师不能很好地掌控，无法提出开放性、争鸣性的问题，学生讨论不充分，流于形式，学生们对案例教学也失去热情。

（4）课程内容设计系统化不强　对案例内容的把握和相关知识的理解分析是开展案例教学的前提。而与食品安全相关的事件涉及面广、链长，需要教师投入精力进行大量的学习、梳理、总结。但有些教师在授课过程中，未根据案例内容本身的特点对呈现方式进行筛选，缺乏系统地看待整个过程的能力，教学内容及知识点不能涵盖食品安全知识体系，系统性和科学性不强，难以对教学内容和进程进行掌控和引导，也不利于学生理解案例和案例中涉及的问题。

（5）课程体系设计欠缺　食品安全最显著的特点是涉及知识面广、随产业链延伸较长。因此，只有将案例教学引入学生培养环节，并进行专门的案例课题设计，才能发挥案例教学所要达到的目的。在实施过程中，根据培养方向、授课类型设计重点汇编教学案例，丰富课程内容，并有效地利用多种教学方式和采取合理的考核模式，才能综合提高学生的学习水平和能力。但目前为止，案例教学在食品安全领域仅为起步阶段，缺少专门的案例课件设计，课程体系设计也十分不完善。

（6）讲授案例课程的教师队伍不足　相较于传统灌输式教学，案例教学拥有其所不具备的优点，但与此同时对教师也提出了更高、更新的要求。不仅要求教师要有系统扎实的基础专业理论知识，更重要的是要有丰富的实践经验，还需要有将理论与实践紧密联系、融会贯通的能力。但目前相当一部分的食品安全领域教师还难以实现熟练运用案例进行教学，而具有编写高质量案例能力的教师更少。人才缺乏也是我国食品安全案例教学难以推广的重要问题之一。因此有必要开展案例教学的培训和推广工作，宣传案例教学的重要意义，提高教师的授课能力。

三、推进案例教学的措施

1. 转变教学观念，案例教学研学并举

案例教学不同于传统的教学方式，是一种以学生为主、教师为辅的学习方式。教师变讲授为引导，学生变被动接受式为自主讨论和探究式学习，学习的效果最终取决于学生。只有从教学方式和教学观念上彻底打开传统方式的禁锢，转变教学观念，才能准确把握案例教学的真正内涵和教学意义。教师应把课堂的主体交给学生，改变“授道解惑”的角色定位，充当好“导演”的角色。教师应对案例有全面的理解和把握，清楚该案例所体现的理论知识和应达到的教学目的，通过案例问题的设置引导学生进行学习、讨论和分析，并对学生们的讨论和分析进行点评和总结，引导学生们反思和提升。改变学生传统的“接收、记忆、总结”模式向“自我学习能力、思辨能力、解决问题和创新能力”模式转变。

因此，案例教学对教师的“教”和学生“学”都是对传统教学模式的创新，需要彼此从传统的“灌输”模式中解脱出来。而要使案例教学得到推进和发展，其中最根本的还是取决于教师的教学观念的转变，教学方式和方法的创新。教师应通过多方位的研讨、交流，掌握案例教学的授课方式、精髓、要点和教学方法，给予学生充分的信任和指导，鼓励学生主动学习。通过双方的不断探索和磨合，使学生逐渐掌握探究问题的方法并成为自身的知识体系。

2. 建设“食品安全案例教学库”

在教学过程中，所选取的案例应具有代表性、系统性和科学性，可以涵盖食品安全知识体系。因此，案例是案例教学的核心，是根本，丰富且高质量的案例资源决定了案例教学成效。但目前可供利用的“食品安全”案例教学的资源并不多，也未形成统一的案例库，而且随着教学的不断改革和发展，教学案例也需要及时更新。因此，通过一定的投入开展案例库建设，组织教师进行案例资料收集、实践调研和整理编写，是开展食品安全领域案例教学亟须开展的工作。

入库的案例主题应明确，内容应能如实反映食品安全事件发生的真实情况，且具有一定的知名度，即公众认知基础和社会舆论基础，便于教学讲解时有更大的讨论空间。案例应有完整的事件描述，相关数据信息应翔实，体现出原料生产、加工等食品安全风险交流、风险评估、食品安全控制的真实过程，通过完整介绍、描述某一事件或问题的决策及发展全过程，使案例情景再现，并在此基础之上做出深入分析和评价。此外，还应通过收集数据资料，总结提炼案例造成的影响，并给出条理清晰和有深度的案例剖析。同时还要依据“风险评估”原则，即危害识别、危害描述、暴露评估、风险描述四步法，给出不同食品安全事故的解决方案，起到案例警示的作用。

3. 开展案例教学培训和推广工作

教师的“教”是实现案例教学的重点，而如何“教好”则对教师提出了更高的要求。然而，食品安全领域案例教学刚在起步阶段，开展案例教学模式的高校范围小，具有丰富扎实教学经验的教师不足，人才缺乏。因此，对案例教学进行全面推广，对授课教师进行系统的教学指导和培训，是推进案例教学发展的重要措施之一。

通过全国食品安全领域相关高校之间交流互动，宣传案例教学的重要意义，提高各学校和教师对案例教学的重视；同时，积极开展案例库的建设和案例教学的推广工作，聘请同行专家讲学，鼓励教师外出学习交流，让具有丰富案例教学经验的教师采用现场报告、交流讨论的方式进行教学培训，指导教师如何运用案例进行教学，如何进行教学案例的编写等，将会极大地促进本领域教师案例教学能力的提升。

参考文献

[1] 王斌，陈荫，欧阳小琨，等. 食品加工与安全领域专业硕士实施案例教学的实践与思考 [J]. 安徽农业科学，2013，41 (35)：13662 -13663.

[2] 肖贵平，郑宝东，宋洪波，等. 食品专业产学研结合生产实习教学模式研究与实践 [J]. 高等农业教育，2010，4 (4)：38 -41.

[3] 薛秀恒，周裔彬. 食品加工与安全专业学位硕士实践能力联合培养探索[J]. 安徽农业科学，2017，45 (5)：251 -252.

[4] 李冬野，张义峰，刘香萍，等. 全日制专业学位研究生教育存在问题及对策研究 [J]. 教育教学论坛，2015，4 (17)：198 -199.

［5］闭建红，肖瑜，靳振江，等．全日制专业学位硕士研究生教育现状、问题及对策［J］．教育教学论坛，2016（7）：277－278.

［6］樊金玲，朱文学，康怀彬．食品加工与安全领域全日制专业学位硕士培养模式的探索与实践［J］．农产品加工·学刊，2011，7（7）：153－155.

［7］许文涛，朱龙佼，程楠，等．案例教学法在食品安全课程教学中的应用［J］．现代农业科技，2015（1）：341－344.

［8］徐芳．案例教学法文献综述［J］．科技视界，2014（19）：202－202.

［9］封锦芳，肖荣，苑林宏，等．《营养与食品卫生学》案例教学的实践与体会［J］．首都医科大学学报（社科版），2009：298－300.

［10］朱丽琴，陈金印，沈勇根，等．案例教学法在果蔬贮藏加工学中的应用及效果评价［J］．教育教学论坛，2014（32）：79－81.

［11］毕水莲．谈案例教学法在食品微生物学教学中的应用［J］．黑龙江畜牧兽医，2013（1）：167.

［12］徐春仲．案例教学法在《食品添加剂应用与检测技术》的运用和实践［J］．科技创新导报，2010（32）：192－192.

［13］尹湉，史彩虹，张向荣，等．《保健食品质量与安全评价》案例式教学体会［J］．教育教学论坛，2014（26）：166－167.

［14］王伯华．案例教学法应用于“食品安全与质量控制”的实践与思考［J］．农产品加工（下），2015（8）：87－88.

［15］许文涛，程楠，朱龙佼，等．转基因食品安全课程案例法教学改革与实践［J］．科技创新导报，2014（29）：124.

［16］白雪梅．教育硕士研究生培养中实施案例教学的困境与出路——以A大学为例［J］．赣南师范大学学报，2017，38（4）：124－127.

［17］曾自卫．经管类课程案例教学存在的问题与对策研究——以G学校为例［J］．时代经贸，2017（13）：75－76.

［18］张新平，冯晓敏．重思案例教学的知识观、师生观与教学观［J］．高等教育研究，2015，36（11）：64－68.

［19］兰霞萍，陈大超．案例教学的问题与出路［J］．教学与管理，2017（10）：1－4.

第二章 微生物类食品安全案例

案例一　酸汤子中毒事件

学习指导： 本案例介绍了2020年10月发生在黑龙江省鸡西市的酸汤子食物中毒事件。该案例以时间为主线，再现了酸汤子中毒事件的发生、发展过程，讲述了事件发生和处理过程，通过还原事件过程剖析事件发生背景和原因，明确食品安全事件性质，揭示生活中的传统饮食和食品安全的统一性问题。通过本案例教学使学生学会主动学习，了解自制发酵食品存在的潜在危害，提高对食物中毒的识别、防控能力，掌握日常饮食与食品安全关系等相关知识，学会分析食品制作过程中的危害因子，掌握食品安全应急管理方法。

知识点： 食品污染，生物性污染，致病微生物毒素，食品危险温度带，食品质量安全

关键词： 米酵菌酸，黄曲霉毒素，发酵米面食

一、案例正文

酸汤子，是我国东北居民用玉米水磨发酵后做成的一种粗面条，是盛行于黑龙江省东部、吉林省东南部及辽宁省东部等地区的特色小吃。酸汤子极易因存储不当而被椰毒假单胞菌污染，该菌能产生致命的米酵菌酸。米酵菌酸轻度中毒，会出现恶心、呕吐（重者呈咖啡色样物）、腹部不适、轻微腹泻等症状；重度中毒者则会出现中枢神经麻痹、肝昏迷，并因呼吸衰竭而死亡。米酵菌酸的强毒性作用是由于其靶向攻击肝、脑、肾等主要实质性脏器，从而导致消化系统、泌尿系统和神经系统损伤。此外，米酵菌酸是一种性质比较稳定的酸性化合物，一旦存在于食物中，一般的烹调方法（蒸煮）无法破坏其毒性，且米酵菌酸中毒后没有特效救治药物，发病人群的病死率达50%以上。2020年10月5日上午，黑龙江省鸡西市一家在聚餐时，9位长辈因食用自制发酵的酸汤子而导致中毒，午时出现中毒症状后送医院抢救，半月内相继死亡。事件发生后，震惊全国。起初，中毒原因被怀疑为黄曲霉毒素，但经流行病学调查和疾控中心采样检测后，最终确定是由高浓度米酵菌酸引起的食物中毒。如此惨烈的中毒事件，让我们不得不思考传统饮食与食品安全性统一的问题。实际上，米酵菌酸引起的中毒事件早在20世纪50年代的东北三省就已出现。当然，除了酸汤子，所有面制品在发酵过程中都有被这种细菌污染的可能，像北方的格格豆、臭碴子，南方经发酵制作的吊浆粑、河粉、汤圆等都有中毒风险。因为这些食品在制作过程中极易因贮存方

式不当、原料不新鲜、水质污染等原因被椰毒假单胞菌污染。因此，要加强制作时的安全控制。另一方面还可以通过科学的开发和工厂化生产，来确保此类食品的安全。此次事件说明国民的食品安全意识还有待提高，对传统饮食缺乏科学的认识，需对此次事件进行深入剖析，总结其中的经验教训，系统科学地传播传统食品安全知识。

（一）事件的发生

黑龙江省鸡西市酸汤子中毒事件自2020年10月5日发生后，当地医院及卫健委迅速采取治疗措施并开展相关调查，在此按时间顺序对此事件发生发展过程及产生的社会效应进行回放。

10月5日国庆假期的早上，该家庭的亲属共12人参加聚餐，其中9位长辈全部食用酸汤子，其余3位年轻人因为不喜欢酸汤子口感没有食用。

10月5日中午，9位长辈陆续出现身体不适，紧急送往医院抢救治疗。起初当地医院因从发病人群当天的食物中检测出严重超标的黄曲霉毒素，怀疑该事故为黄曲霉毒素中毒所致。

10月12日，其中8人陆续死亡。10月12日晚，黑龙江省卫健委公开回应，初步定性是由高浓度米酵菌酸引起的食物中毒。10月19日，最后一名中毒者也离世。

（二）事件原因调查

2020年10月5日，黑龙江省鸡西市发生家族聚餐中毒事件后，当地医院、公安机关、卫生健康委员会和疾病预防控制中心，联合调查了此次中毒事件的原因。事件发生后，当地公安机关刑事技术部门对现场提取物进行了相关检测，排除了人为投毒的可能。由于中毒人员当天在进行聚餐行为，故警方继续调查后便将线索锁定在了餐桌上的酸汤食材。该食材为家庭成员自制，且在冰箱中冷冻近一年时间，存在潜在风险性。经当地医院化验检测后发现，发病人群当天的食物中黄曲霉毒素严重超标，随即市委宣传部门公布初步调查结果为：黄曲霉毒素中毒。

官方调查结果初步公布以后，便引起了网友们热议，黄曲霉毒素被打上了中毒诱因的标记，但具备食品知识背景的相关专家学者则对此结果持有怀疑态度。食品工程学博士表示：尽管黄曲霉毒素确实是剧毒物质。一次性摄入到“足够的量”，能够导致严重中毒以至于死亡。但这个“足够的量”跟通常食物中出现的量相比，并不容易达到。而且，黄曲霉毒素是苦的，如果有如此高的黄曲霉毒素含量，食物会很苦，正常情况下人们大都不会愿意去吃。历史上，只有极少数饥荒时代，才出现过食用严重霉变的玉米致死的事件。所以，黄曲霉毒素中毒这个初步判定，可能不是致死原因。

10月12日晚，黑龙江省卫生健康委员会公开回应表示：鸡西市食物中毒事件经流行病学调查和疾控中心采样检测后，在酸汤子中检出高浓度米酵菌酸，同时患者胃液中也含有此毒素，故纠正了此前中毒疑似物质为黄曲霉毒素的说法，将其定性为米酵菌酸食物中毒，是一起典型的生物性污染导致的食品安全事件。

（三）事件后续处置

10月19日，国家卫生健康委员会就此事件发布了相关提示：慎吃长时间发酵的米面类，现已查明致病食物是被椰毒假单胞菌污染产生米酵菌酸的酸汤子。

黑龙江省卫生健康委员会食品处和相关学者提醒，要预防酵米面食物中毒，应该做到这几点：家庭和小作坊慎重制售或尽量不制售酵米面食品；自制酵米面食品时要勤换水，及时晾晒或烘干成粉，贮藏要注意通风、防潮、防尘，以减少食品污染，尤其是生物性污染。保证食物卫生且无异味产生，一旦发现有色霉斑，便停止食用；禁止出售、食用变质银耳，不要自行采食鲜银耳；明确彻底加热并不能杀死食物中的全部细菌，不能做到绝对预防，故发生酵米面中毒后，立即停止食用可疑食品，并及时就医，催吐、洗胃、清肠，对症治疗。注意食物的保存温度，食品保存的危险温度带的温度范围是4～60℃，故熟食要在60℃以上保存，冷食要在4℃以下存放。但食品危险温度带也只是适合绝大多数致病菌增殖的一个温度范围，并不能避免少部分致病菌侵染带来的危害，所以家庭就餐要争取做到“吃多少、买多少、做多少”，以减少食物贮藏中带来的细菌繁殖危害。

参考文献

[1] 鸡西一家庭聚餐吃酸汤子致9人死亡　日常饮食要留意这些“毒”[J]. 农民文摘，2020（11）：42－43.

[2] 张田勘. 酸汤子中毒，对传统食物要有科学认识[J]. 科学大观园，2020（21）：65.

[3] 阮光锋. 科学解读“酸汤子”为什么会引发米酵菌酸中毒[J]. 中国食品，2020（20）：128－129.

[4] 卢敏，牟莉. 环境污染对食品的危害与对策研究[J]. 食品科学，2007，28（8）：3.

二、教学指导意见

（一）关键问题（教学目标）

通过本案例教学使学生学会主动学习，了解自制发酵食品存在的安全隐患，提高对食物中毒的识别、防控能力，掌握日常饮食与食品安全相关的知识，学会分析食品制作过程中的危害因子，掌握食品安全应急管理的方法。

（二）案例讨论的准备工作

1. 学生讨论内容的准备工作（食品安全相关知识，要求提前自主学习，独立完成作业）

（1）什么是食物中毒？食物中毒的原因有哪些？

（2）什么是急性中毒？什么是慢性中毒？

（3）真菌和细菌的区别有哪些？

（4）真菌毒素和细菌毒素的中毒特点？如何预防？

（5）容易污染真菌毒素的食物有哪些？哪些细菌会产生毒素？

（6）椰毒假单胞菌及毒素的特征、污染途径、危害及检测方法。

（7）黄曲霉及其毒素的特征、污染途径、危害及检测方法。

（8）自制发酵类食品的安全注意事项，自制发酵食品安全事件有哪些？

2. 学生讨论问题的准备工作（要求以小组的方式准备，但内容不限于以下选题）

（1）事件是以什么形式发生的？

（2）此次事故中毒人员在食品安全意识方面存在哪些问题？

（3）官方误判黄曲霉毒素为中毒原因体现出什么问题？

（4）由真菌毒素——黄曲霉毒素和细菌毒素——米酵菌酸引起的中毒症状有何不同？是否都为急性中毒？

（5）引起食物中毒的常见因素有哪些？

（6）食物中毒的应急措施有哪些？

（7）认真总结酸汤子的制作工艺，除东北地区的酸汤子外，其他地区是否有类似的食品？按此案例分析，它们是否存在同样的风险？

（8）案例中问题分析是否存在确切的依据？是否存在矛盾？

（9）怎么看食品安全与传统饮食习惯之间的关系？

（10）食品在危险温度带停留是否百害而无一利，如何看待酵素（酶）等在发酵饮品中的应用？

（11）有无绝对安全食品？什么是食品安全？

（12）天然无添加的食品是否就是安全食品？

（13）家庭自制食品承载了什么？不安全的自制食品是否要一刀切禁止？

（三）案例分析要点

1. 引导学生分析鸡西市9人食物中毒的真正原因

在2020年10月5日发生9人家庭式食物中毒死亡事件后，致死原因曾因食物中黄曲霉毒素严重超标而被官方判定为黄曲霉毒素中毒。但事实并非如此，因此我们要引导学生以此事件为例，利用食品毒理学等相关知识科学地分析黄曲霉毒素并非真正中毒诱因，辩证认识课本中致病微生物毒素半致死量等概念与生活中食品摄入量的关系。

2. 分析探讨由该事件引出的各种不当谣言并进行纠正

随着酸汤子事件热度越来越高，出现了许多不实谣言，如“中毒是食用冷冻一年食材所致”“坚果、谷物等不宜冷冻”等，以此为案例引导学生从所学专业知识的角度给予解释，纠正对大众的误导，学会科学合理地分析身边存在的食品安全事件与认知误区。

3. 酸汤子中毒事件真相大白，食品、健康等科学报道应注意的问题

酸汤子中毒事件中，虽然媒体采用的是医院的检测结果信源，是官方发布渠道，但仍然出现了信息的错误化报道与传播。从信源的权威性来说，医院并不是食品安全鉴定的权威部门，媒体应该多听食品安全、疾控部门的声音。另外，作为信源的给予方，食品质检部门需要肩负起自身的责任，强化全流程检测监管，做到准确专业。

4. 引导学生分析此事件是什么性质的食品安全问题

食品安全问题本身被分为物理性、化学性、生物性的污染和非法添加等几大类。引导学生分析事件的起因，明确事件的性质，确定事件的主要责任、相关的行为规范、处理办法和预防控制措施。

5. 引导学生认识该类食品安全问题产生的恶劣影响及规律

该事件是由于自制发酵食品操作不规范，导致椰毒假单胞菌滋生产生米酵菌酸而引起中毒的食品安全事件，类似事件也经常发生。分析事件来龙去脉，根据危害因素的产生条件提出解决问题的不同方案，并评价这些方案的科学性、经济效益、社会影响等，或从媒体、政府等不同角度制定出应急反应或快速控制危害传播的方法。

6. 案例调查过程中采用的方法分析

该案例初步调查结果出现误判的原因是什么？如果可以重新调查，可以采用哪些方法更高效地进行调查研究，给出事件成因。

7. 管理制度的制定和有效实施

以此案例为警示，引导学生如何面向大众宣传和科普日常生活中的饮食安全，除了购买新鲜安全的食材外，还有哪些判断食物变质的方法是家庭中可行的？

8. 食品安全科普体系的建立

家庭自制食品引发的食物中毒事件屡见不鲜，其主要原因是公众的食品安全教育薄弱。即使在信息科技高速发展的当下，我们仍然面临政府政策和科学研究结果无法惠及民生的困境。如何建立科学有效的食品安全科普体系，是一个非常值得思考的问题。

（四）教学组织方式（对在课堂上如何就这一特定案例进行组织引导提出建议）

1. 问题清单及提问顺序、资料发放顺序

学生课前自行分组，提前发布案例正文与问题清单做好教学准备。课程开始留下时间进行回顾案例后，随机顺序提问，使学生理清事件发生的整个过程。

2. 课时分配（时间安排）

该案例教学时数建议3～6学时，事件回顾、问题发放和作业总结1～3学时，讨论和总结2～3学时。

3. 讨论方式（情景模拟、小组讨论）

根据案例内容，可以分组进行情景模拟，也可自己设置事件处置措施推演事件的发展走向和得到不同的结果；还可以采用小组讨论方式，组长总结发言。

4. 课堂讨论总结

由任课教师完成，结合同学们的讨论，求同存异，从多角度总结本案例的核心关键问题，可借鉴的经验教训，应加强的知识和现在环境下的解决方案要点。

（五）其他

1. 计算机及视听辅助手段支持

推荐案例相关的视频在课堂播放。

2. 建议的板书

记录课堂分析要点和讨论结果，给出提示词。

3. 本案例启示

（1）事件调查研判要结合实际情况　关于该事件发生原因的追查分为剩余食物样本检测和对死者解剖分析两方面进行，在食物中检测出黄曲霉毒素超标就断定是黄曲霉毒素中毒并不合理，一方面，没有考虑到酸汤子这种发酵面制品的高风险污染细菌及急性致死毒素的危害，另一方面，没有辩证认识食物中所谓“严重超标”的“标”与教科书中的半数致死量（在规定时间内，通过指定感染途径，使一定体重或年龄的某种动物半数死亡所需最小细菌数或毒素量）的关系。黄曲霉毒素确实是剧毒，可以引起急性肝损伤，但短时间内致死的风险并不高。且食物中的黄曲霉毒素含量要到达致死剂量会有明显的苦味，已经不适宜人食用。该事件提醒相关检测人员要严格掌握食品现场管理要求，包括采样、留样、检测方法和食品安全毒理知识，用于准确判断检测结果。

（2）日常饮食重视食品安全重要性　生活中有很多人喜欢自制发酵类食品且不重视微生物污染带来的危害，也有人觉得冰箱里的食物就是百分百安全的，看起来“正常”的食物扔了就是浪费。

该事件的发酵面制品——酸汤子制作过程中会把玉米面放置在常温下进行长时间发酵，极易被椰毒假单胞菌污染，产生米酵菌酸。且毒素一旦产生，冷冻和烹饪加热都无法破坏。此外，该事件中的酸汤子黄曲霉毒素严重超标，说明原料玉米已经被黄曲霉严重污染。这都表明该食物已被严重污染，不再适合食用。

2018年12月，联合国大会通过决议，决定自2019年起每年的6月7日设定为世界食品安全日，以推动各方对食品安全问题的关注。但是对食品安全的宣传不能仅停留在某一天，应该是终身教育的事，即食育教育，从食礼、食践、食知三方面入手寓教于“食”。把健康和生命放在首位，从科学原理上阐明其危害，并进行科学传播。

除了有关部门的宣传和科普工作有待加强，个人的学习能力也需要提高。群众要主动通过正确的渠道获取食品安全相关知识，不能固执坚持自己的传统思想，在日常生活中选购新鲜食材，不要大量囤积避免浪费，正确存放食物避免微生物污染。

该事件除上述启示外，还可以将案例发生的缘由、调查过程中采取的科学方法、调查结果的分析与判定等与自己学习过的食品安全知识进行结合讨论，看是否有超出我们已学过的知识范畴的新知识，学会总结出新问题、新知识和新概念。

另外，该事件发生时各方反应与应对结果对家庭、企业和食品安全公共管理等社会和科学产生深远影响。反思我们身边是否存在相似背景和风险隐患，展望是否有新的方法或技术可应用于该类安全风险的控制。并且可以进一步思考和讨论以下问题：

①该事件有哪些失误是可以避免的？

②事件的调查过程有哪些是我们可以学习、借鉴的，其中的科学性有哪些？

③通过对本案例的分析，请回顾在日常生活中，哪些食品安全问题是应该加强的，请提出应该加强的具体措施。

④通过学习本案例，您对我国食品安全教育有哪些建议？

⑤讨论我国食品安全科普的现状，以及针对目前的体系您有哪些改进建议？

案例二　福寿螺事件

学习指导：本案例介绍了2006年5月发生在北京某酒楼的福寿螺事件。按事件的时间顺序，再现了该事件发生、发展过程，讲述了事件发生和处置过程中企业、政府监管部门、媒体以及消费者所做的工作。详细剖析了事件发生的背景和原因，明晰了事件的性质和主体责任，分析了餐饮企业加强食品安全技术管理，尤其是生产加工过程中原料的选择和处理以及应急管理方法的重要性。通过本案例教学，使学生学会主动分析和独立思考，了解广州管圆线虫及其危害，掌握食品原料中可能存在的潜在危害因子以及寄生虫病的检测等相关知识，制定和落实管控措施，掌握食品安全应急管理的方法。

知识点：广州管圆线虫，食品微生物污染，食品质量安全管理体系，寄生虫病

关键词：福寿螺，广州管圆线虫，生物性污染，加工条件

一、案例正文

2006 年 5 月底，北京某酒楼将“凉拌螺肉”和“香香嘴螺肉”的原料从海水螺改为福寿螺。几天后相继有多名原因不明、但症状相似的剧烈头痛、伴有四肢疼痛、发热等症状的患者到医院就诊，经询问发现这些患者在发病前都曾经在该酒楼吃过用福寿螺加工的凉拌菜。2006 年 6 月 24 日，北京友谊医院确诊首例广州管圆线虫病例。几天后，友谊医院在北京某酒楼出售的凉拌螺肉中检出广州管圆线虫幼虫。

福寿螺（*Pomacea canaliculata*）是瓶螺科、瓶螺属软体动物。贝壳外观与田螺相似，具有一螺旋状的螺壳，颜色随环境及螺龄不同而异，有光泽和若干条细纵纹。喜欢生活在水质清新、饵料充足的淡水中。原产南美洲的热带和亚热带地区，如阿根廷、玻利维亚、巴西、巴拉圭及乌拉圭等。广泛分布于北美、亚洲、非洲等地的十多个国家，已成为世界性的外来入侵生物。2003 年中国国家环保总局（现更名为中华人民共和国生态环境部）将福寿螺列为重大危险性农业外来入侵生物之一。

广州管圆线虫病，又名嗜酸性粒细胞增多性脑脊髓膜炎。该病是人畜共患的寄生虫病，因进食了含有广州管圆线虫幼虫的生或半生的螺肉而感染。感染此病后，线虫的幼虫可入侵大脑，主要侵害中枢神经系统，可引起嗜酸性粒细胞增多性脑膜炎。最明显的症状是急性剧烈头痛，可伴有发热，还可出现颈项僵硬、恶心呕吐、四肢疼痛、面神经瘫痪及感觉异常（如麻木、烧灼感等）等症状。少数严重者可致痴呆、瘫痪、嗜睡、昏迷，甚至因脑积水等而死亡。

（一）事件的发生

2006 年 5 月底，北京一酒楼将某螺肉菜品的原料从海水螺改为福寿螺。几天后相继有多名原因不明、但症状相似的剧烈头痛，伴有四肢疼痛、发热等症状的患者到医院就诊，经询问发现这些患者在发病前都曾经在该酒楼吃过用福寿螺加工的凉拌菜。

6 月 24 日，北京友谊医院确诊首例广州管圆线虫病例。几天后，友谊医院在北京某酒楼出售的凉拌螺肉中检出广州管圆线虫幼虫。

8 月 9 日，该酒楼的凉拌螺肉停售。

8 月 11 日，北京市卫生局接到有人因食用福寿螺而引发广州管圆线虫病的举报，开始对该酒楼展开调查。其后发病人数逐渐增多。

8 月 17 日，北京市卫生局通报淡水螺肉引发广州管圆线虫病情况。

8 月 18 日，北京市卫生监督所在网站上提示市民不要生吃或半生吃福寿螺等淡水螺类产品。

8 月 21 日，北京市卫生局召开新闻发布会，通报本市已发生 70 例病例，并要求全市二级以上医疗机构开展监测，主动搜索病例。

8 月 22 日，北京市食品安全办公室发出通知，立即停售市场上所有福寿螺，购进和销售福寿螺将处以最高 3 万元的罚款。

8 月 23 日，北京市卫生局通报新增加病例 17 例，并要求全市二级以上医院对该病实行每日报告制度。截至 23 日 19 时，北京因食用凉拌福寿螺肉而得了广州管圆线虫病的患者达到 87 例。

8 月 23 日下午，该酒楼董事长公开面对媒体。在公司召开的新闻恳谈会上，表示公司是一个负责任的企业，会对消费者负责，即使倾家荡产，也要赔付到底。

8 月 28 日，该酒楼董事长将第一批赔付款交到患者手中。

8 月 29 日，福寿螺事件调查小组成员护送第一批患者出院并为其结清了治疗费用。

9 月 2 日，北京市共接到广州管圆线虫病临床诊断报告 131 例，其中重症病例 25 例，无一例死亡。

11 月 9 日，北京市卫生局依据相关规定，对酒楼做出了行政处罚，两家分店分别罚款人民币 315540 元和 100084 元，合计罚款 415624 元。

截至 2006 年年底，80% 的患者已经与酒楼通过协商签署了赔付协议，酒楼赔偿额累计逾 500 万元，加上政府的处罚以及其他直接和间接损失，金额超过 2000 万元。

（二）事件原因调查

北京某酒楼选用福寿螺作为菜品的原料开始于 2006 年 5 月，其一家分店推出一种以小海螺为原料的“香香嘴螺肉”，颇受顾客的喜爱。其加工过程是，将带壳的海螺入锅在沸水中煮 20 分钟，再放入凉水中浸凉退壳，挑出螺肉切片凉拌。由于小海螺大小不一，很难保证菜品的质量标准。为此，凉菜厨师和负责人商议，改用大小较一致的福寿螺为原料，试销后顾客反映良好。而此前北京从未出现过感染广州管圆线虫的病例，后厨师傅对福寿螺的危害不知情，而按照一般海螺的操作方法进行加工，因加热时间短，不能杀灭福寿螺体内的广州管圆线虫，其结果就导致了“福寿螺事件”的发生。

据媒体报道，酒楼的福寿螺是参照 2006 年《四川烹饪》第 3 期杂志上“怪味田螺”的做法烹制的，但将烹饪原料中的田螺换成了淡水螺福寿螺。杂志刊登的做法中，其中一句是：“将田螺断生后盛入盘中凉拌……”这里的“断生”在烹饪上的本意就是煮熟，而不是半生。福寿螺这种淡水螺，带虫率非常高，有些福寿螺体内寄生的广州管圆线幼虫多达 3000 ~ 6000 条，将螺带壳用开水焯 3 ~ 4 分钟，无法杀死这种寄生虫的幼虫。根据北京市卫生监督所的调查，酒楼先把福寿螺放在冷水中浸泡，然后带壳用开水只焯了 3 ~ 5 分钟。实际上，对于福寿螺这种淡水螺，应该在沸水中煮至少 20 分钟才能杀灭其中的寄生虫。

（三）事件后续处置

2006 年，由于北京某酒楼使用福寿螺作为凉拌螺肉的原料，加工工艺不当，导致福寿螺内广州管圆线虫幼虫未被杀死进入人体，致使一批顾客患上广州管圆线虫病，从而引发了社会公众广泛关注的食品安全卫生事件，也使福寿螺与广州管圆线虫病成为一时的流行词汇。2007 年 2 月 13 日，卫生部公布了 2006 年十大食品卫生典型案件，福寿螺事件赫然名列其中。

事件发生后，酒楼对外一直承诺负责到底。但是，在与消费者和解解决了部分纠纷后，仍有 20 余名消费者将酒楼的经营者起诉至法院，其间更是引发了一场影响颇大的名誉权官司。沸沸扬扬的“福寿螺事件”在经历了 1 年半之后尘埃落定。

2006 年 11 月，北京市卫生局依据相关规定，对酒楼做出了行政处罚，合计罚款 41 万余元。截至 2006 年年底，80% 的患者已经与酒楼通过协商签署了赔付协议，酒楼赔偿额累计逾 500 万元，加上政府的处罚以及其他直接和间接损失，金额超过 2000 万元。

参考文献

[1] 张立实. 我国近年若干食品污染事件和污染物简介 [C]. 中国食品科学技术学会营养支持专业委员会、中国环境诱变剂学会膳食与疾病专业委员会. 营养与食品——健康中国高级论坛Ⅱ论文集. 中国食品科学技术学会营养支持专业委员会、中国环境诱变剂学会膳食与疾病专业委员会：中国环境诱变剂学会，2008：126－128.

[2] 张亚平，刘雅婷，孙一枚. “福寿螺”事件回眸　瞿传刚：凤鸟追日的梦想——来自蜀国演义酒楼的报告 [J]. 中国商界（上半月），2008（3）：56－62.

[3] 俞里江，戴燕军. “福寿螺”中毒系列案大结局 [J]. 中国审判，2008（5）：44－47.

二、教学指导意见

（一）关键问题（教学目标）

通过对本案例教学使学生学会主动学习和独立思考，了解广州管圆线虫及其他线虫的污染范围、危害及其致病机制，了解广州管圆线虫病的诊断检测方法，掌握食品生产加工过程中广州管圆线虫等寄生虫病的预防和控制技术。

（二）案例讨论的准备工作

1. 学生讨论内容的准备工作（食品安全相关知识，要求提前自主学习，独立完成作业）

（1）广州管圆线虫的生活习性、特征、污染途径、危害及检测方法。

（2）常见易感染广州管圆线虫食物原料的加工方法和注意事项。

（3）福寿螺和海螺的定义及加工工艺和原料要求。

（4）食品分析样本的采样原则及实施要求。

（5）《中华人民共和国食品安全法》（以下简称《食品安全法》）关于食品安全主体责任的规定。

（6）其他种类线虫的特征及危害。

（7）常见寄生虫病种类以及诊断方法。

2. 学生讨论问题的准备工作（要求以小组的方式准备，但内容不限于以下选题）

（1）北京福寿螺事件是如何被发现的？又是如何导致感染的？

（2）涉事餐饮企业在整个事件中是如何作为的？谁应负主体责任？

（3）广州管圆线虫可寄生在哪些生物体当中？人类感染此病后，有什么症状？如何预防此病？

（4）涉事餐饮企业和政府相关部门在处理该事件时是如何应对的？

（5）“一道菜”影响一个知名企业，从这个案例你怎么看食品安全？

（6）假如你是该餐饮企业的责任人，当事件发生时你如何应对？

（7）如何看待我国市场上的生食产品的安全性，如水产、沙拉、生菜类。美国等国家对鲜切菜的安全做了大量研究，并制定了标准，我国应如何借鉴？

（三）案例分析要点

1. 引导学生分析北京福寿螺事件的食品安全性质

食品安全问题本身被分为物理性、化学性、生物性污染和非法添加等几大类。分析此案例时要引导学生分析事件的起因，明确事件的食品安全性质。食品中的生物性危害包含引起食物中毒的细菌及其毒素、真菌及其毒素、病毒、寄生虫、昆虫造成的危害。层层剖析，引导学生了解该案例中的广州管圆线虫属于寄生虫，引导学生认识广州管圆线虫及此病的危害，掌握食品生产加工过程中广州管圆线虫病的控制技术和方法。

2. 引导学生认识广州管圆线虫的危害及此事件产生的影响

充分认识广州管圆线虫的特征、污染途径、危害及检测方法；掌握食品原料中可能存在的潜在微生物危害以及寄生虫病检测诊断等相关知识。制定和落实餐饮企业食材的选择和加工管控措施，掌握食品安全应急管理的方法。指导学生分析事件中餐饮企业在经济利益、社会影响等方面的利弊得失，以及此事件对企业和消费者的影响。从企业、政府等不同角度制定出应急反应或快速控制危害传播的方法。

3. 案例调查过程中采用的方法分析

在北京福寿螺事件中，北京友谊医院确诊首例广州管圆线虫病例。之后在北京某酒楼出售的凉拌螺肉中检出广州管圆线虫幼虫。北京市卫生局接到有人因食用福寿螺而引发广州管圆线虫病的举报，开始对该酒楼展开调查。在事件调查过程中，引导学生学习针对寄生虫病的特点，可采用流行病学方法进行危害识别，诊断包括临床诊断、寄生虫学诊断和免疫诊断，以及必要的鉴别诊断。

4. 管理制度的制定和有效实施

以此案例为警示，引导学生认识餐饮企业除制定生产原料和加工过程的管理制度和落实措施以外，还要明确掌握具体原料的加工特性和加工生产方法，以确保原料经加工后安全卫生。同时，要提高员工食品安全防范意识，加强员工加工技术水平和食品安全专业知识的培训，减少寄生虫病的发生和危害。

（四）教学组织方式

1. 问题清单及提问顺序、资料发放顺序

先发放问题清单，布置作业。发放案例正文，仔细阅读后，独立完成，随机顺序提问，使学生理清事件发生的整个过程。

2. 课时分配（时间安排）

该案例教学时数建议3～6学时，事件回顾、问题发放和作业总结1～3学时，讨论和总结2～3学时。

3. 讨论方式（情景模拟、小组讨论等）

根据案例内容，分组进行情景模拟，可以采用小组讨论方式，对案例整体环节进行分析。可以提前准备好寄生虫病的一些虫体或者虫卵的彩色打印图片或PPT图片，搜集整理常见寄生虫病及其诊断方法，用以讨论时作为参照区分异同；让学生围绕餐饮企业和生活中如何防控寄生虫污染开展建设性讨论，各小组组长总结发言。

4. 课堂讨论总结

由任课教师完成，主要总结本案例的核心关键问题，可借鉴的经验和教训，应加强的知识和现在环境下的解决方案要点。

（五）其他

1. 计算机及视听辅助手段支持

推荐案例相关视频、媒体报道在课堂展示。

2. 建议的板书

记录课堂分析要点和讨论结果，给出提示词。

3. 本案例启示

（1）谨防寄生虫病引起的食品安全问题　除本案例中的广州管圆线虫外，由食物源寄生虫引起的食品安全问题还有很多。据报道，2018年7月，广州海关隶属白云机场海关在入境旅客携带冰鲜鲷鱼、真鲹鱼中检出我国禁止入境的二类寄生虫——异尖线虫。经剖检发现，鱼腹腔内寄生大量寄生虫，仅从一尾鱼腹腔内就分离出22条虫体。

异尖线虫是一种主要寄生于海洋动物体内的蛔线虫目异尖科寄生虫。带鱼、黄花鱼、沙丁鱼、鲳鱼、鳕鱼等海鱼都会感染异尖线虫。人食用了生的或未煮熟的含有异尖线虫Ⅲ期幼虫的海鱼或海产软体动物，如一些海鱼寿司、生鱼片等，就会感染异尖线虫病。感染的异尖线虫幼虫将可能进入人体消化道，或移行至其他组织。异尖线虫危害巨大，人体感染异尖线虫后，轻者胃肠不适，重者可在进食后数小时上腹部突发剧痛伴恶心、呕吐、腹泻等胃肠道症状，严重的可导致消化道溃疡、脓肿、穿孔等。

诸如此类的寄生虫疾病还包括淡水鱼感染的肝吸虫，人感染后如不及时排虫，可能导致胆管阻塞，胆囊炎等肠道病变。留在肝脏内会影响肝脏正常工作，出现肝区不适，腹胀等症状，严重还会变成肝硬化。

人食用了带绦虫病的猪牛肉会出现腹痛、肛门瘙痒等症状，粪便中还会出现白色虫体节片。

寄生在泥鳅、黄鳝、青蛙等身上的颚口线虫如果没有煮熟，幼虫就会进入体内。可以造成皮肤瘙痒、红肿；也可能进入内脏，引起咳嗽、胸痛；还可能造成失明或者颅内感染等。

除此之外，还有隐藏在醉虾醉蟹的肺吸虫、寄生在部分肉片细胞中的弓形虫幼虫等，如果不经过科学处理加工，都能引起各种各样的疾病。

（2）消费者如何避免感染寄生虫　为了避免由寄生虫引起的食品安全问题，消费者应当养成健康的饮食习惯，尽量食用熟食，少食生食，食用生食食品时一定要了解食品的卫生情况以及注意有关卫生问题。同时，发现身体有不适，应及时到医院就诊，争取早诊断，早发现，早治疗。在日常生活中，应做到以下方面：

①消费者应避免进食生鲜或未经彻底加热的水产品和水生植物，如螺类、鱼类、海鲜等；不吃生菜、不喝生水；防止加工过程中的污染。

②蔬菜、水果在生长过程中需要施肥、浇灌、打药，常会受到寄生虫卵、细菌、农药等的污染，因此，生食瓜果蔬菜应彻底洗净消毒。

③不用盛过生水产品的器皿盛放其他直接入口的食品。

④在处理生食和熟食时，厨具、餐具如砧板、刀具等必须分开使用，并且加工过生鲜水产品的餐具、砧板等必须清洗消毒后方可再使用。

⑤吃生鱼片则应选择正规、卫生的餐厅，食用深水、无污染的鱼虾。

⑥针对所食用的肉类，了解安全食用的加工处理方法，尽量做到熟透并杀灭寄生虫。

⑦如果此前食用过生的鱼类或者海鲜等，且出现不明原因的腹痛、恶心、腹泻、消化不良等症状，应提高警惕，及早到医院排查是否有寄生虫感染。

（3）加强避免寄生虫污染的全方位管控　食品安全问题贯穿了食品生产的源头、加工、贮运到销售和食用的全过程，每一个环节都可能存在食品安全的隐患。

本案例中，酒楼的厨师错误地理解了“断生”的含义，加热时间及加热温度均未达到安全要求，没有将福寿螺中的广州管圆线虫杀死，最终导致消费者食用后患病。

作为食品企业，尤其是餐饮企业，必须严格把控原料质量关，根据食物原料特性进行规范加工和生产。加强食品安全意识，建立健全各项规章制度、操作规程、应急预案等，积极改进应急处理方法。同时还要努力提高食品企业员工业务素质和技术能力，加强专业技能培训。定期开展针对食品安全法律法规、食品安全基础知识、食品企业生产管理、舆情与危机管理、营养与卫生、预防食物中毒等内容的培训和考核。

政府相关部门要加强监督检查，确保有关法令、标准得到严格遵守。

另外，继续追踪该案件发生时各方反应与应对结果对事后行业、企业和食品安全公共管理等社会和科学产生的深远影响。反思我国同类行业是否存在相似问题和风险隐患，展望是否有新的技术或方法可应用于该类安全风险的控制。并且可以进一步思考和讨论以下问题：

①通过本案例的分析，请回顾在食品加工过程中，还有哪些易发生的原料和加工方法导致的类似食品安全隐患？请指出并说明具体避免措施。

②近年来，全国各地食用淡水鱼类等导致的病例时有发生，通过本案例学习，您对我国餐饮业有哪些建议？

案例三 肉毒梭菌污染奶粉事件

学习指导： 本案例介绍了 2013 年 8 月 2 日新西兰某公司肉毒梭菌污染奶粉事件。本案例以事件发生的时间为主轴，再现了该事件的发生、发展过程，讲述了事件发生和处置过程中企业、政府监管部门、媒体以及消费者所做的工作。通过还原事件过程，剖析事件发生的背景和原因，了解事件的性质和责任。分析生产企业加强食品安全技术管理，尤其是生产加工管道的卫生管理的重要性。通过对本案例教学使学生学会主动学习和思考，了解肉毒梭菌细菌毒素及其危害，掌握食品生产中致病菌控制技术方法、食源性致病菌的检测等相关知识，学会识别食品制造过程中的危害因子，制定和落实管控措施，掌握食品安全应急管理的方法。

知识点： 食品微生物污染，致病微生物毒素，食品质量安全管理体系

关键词： 肉毒梭菌，梭状芽孢杆菌，生物性污染，奶粉

一、案例正文

新西兰某乳品公司，在乳品生产、加工和销售领域是世界知名企业，90% 的产品用于出口，占国内生产总值的 7%，是世界上最大的乳品原料供应商，是国际乳品贸易

中最具有影响力的公司。该公司的产品进入中国近20年，其中，全脂奶粉的出口量最大，占出口总量的50%以上。因其成本低和质量稳定的优势，一直占据我国进口全脂奶粉的主导地位。

但是，2013年，由于工厂设备管理疏忽，也出现了食品安全问题。8月2日，新西兰该集团发布消息，该公司一工厂发现2012年5月份生产的3个批次，共38吨浓缩乳清蛋白粉检出肉毒梭菌，波及包括3家中国客户在内的共8家客户。之后，该公司首席执行官为此专程赶赴北京向中国消费者道歉，并说明情况。公司预测，经过召回措施，食品安全问题将在48小时内得到控制，并承诺对客户负责。此后新西兰最高监管机构初级产业部委托在美国和新西兰的第三方实验室进行检测。

2013年8月28日，新西兰初级产业部宣布，该部门组织专家在新西兰和美国的多家实验室，对该公司生产的浓缩乳清蛋白重新进行了195次检测，结果表明，此前在该公司产品中发现的细菌并非肉毒梭菌，而是与之相似的梭状芽孢杆菌（简称生孢梭菌）。专家介绍，生孢梭菌一般不会引发食品安全问题。生孢梭菌是不产生毒素的肉毒梭菌分离菌，与肉毒梭菌的唯一区别在于是否含有负责编码生成肉毒毒素的基因。通过简单方法检测微生物污染无法分辨肉毒梭菌和生孢梭菌。

该肉毒梭菌污染奶粉事件爆发后，该公司立即发声明道歉、全面召回产品、相关岗位管理人员辞职、政府监管部门进驻调查、委托第三方进行多次检测，整个过程透明发布。该公司在食品安全上宁可虚惊不要放纵的态度最终赢得了消费者的认同，实现了舆情方向大逆转。

该事件波及面广、社会反响强烈。此次事件说明食品安全的管理不仅仅限于拥有先进的食品生产或安全检测技术，更重要的是生产者和管理者对食品安全问题的态度、责任意识、沟通协作、危害影响控制能力等多方面。虽虚惊一场，但该公司已付出巨大代价，有高管辞职，有信任危机，公司在食品安全上留下的惨痛教训，非常值得我们剖析和总结。

（一）事件的发生

肉毒梭菌污染奶粉事件，从2013年8月2日自家曝出到8月28日结束，在此，按时间顺序对此事件发生发展过程及应对措施进行回放。

2013年8月2日，该公司发布消息，一个工厂2012年5月生产的三个批次、共38吨浓缩乳清蛋白粉（WPC80）中检出肉毒梭菌。当日晚间，中国国家质检总局官网发布消息，要求进口商立即召回可能受污染产品。

8月5日，该公司首席执行官为此专程赶赴北京向中国消费者道歉，并说明情况：“我们知道问题出现的根源，这个微生物是在新西兰北岛中部的一家工厂的管道里发现的，出现问题的管道其实是一个供临时使用的管道，对于这个管道我们有常规的清理，但是因为它不常使用，所以当时这个管道存在着清洁不彻底的问题，导致38吨的浓缩乳清蛋白粉里含有肉毒梭菌”。

之后，经过追溯，10%的产品召回，90%的产品找到了去向。

该集团方面的人士在接受媒体采访时承诺：“公司会对它的客户担负责任”。

新西兰政府最高监管机构初级产业部进驻公司，积极公布所有与此事件相关的疑问并及时解决问题。

8月6日，中国国家质量监督检验检疫总局发布，对该公司浓缩乳清蛋白粉和奶粉基粉无限期叫停，直至事件影响确认或问题解决。

8月22日，时任新西兰外长在北京访问期间专门表达了新西兰政府就问题乳品事件在中国消费者中引起的不安表达歉意，强调新西兰政府致力于通过公开、透明的披露机制解决后续问题。

8月28日，通过在美国和新西兰的第三方实验室共进行总计达195次的无毒测试，新西兰初级产业部宣布：新西兰政府委托进行的后续独立检测确认，公司的浓缩乳清蛋白原料以及包括使用该原料的婴幼儿奶粉在内的产品均不含肉毒梭菌。

（二）事件原因调查

新西兰通常对食品安全采取非常严格的态度，还有严格的食品安全法规和检测机构，当问题出现后，会及时进行纠正。在该公司奶粉事件发生后，及时采取措施。8月5日宣布查明污染产品的微生物是在新西兰北岛中部一家工厂的管道里发现的，出现问题的管道是一个供临时使用的管道，因为不常使用，所以存在清洁不彻底的问题，导致38吨的浓缩乳清蛋白粉含有肉毒梭菌。此后经过多次测试，最终查明受污染奶粉中的细菌为生孢梭菌，并非产毒素的肉毒梭菌。

（三）事件后续处置

自该公司肉毒梭菌污染奶粉事件爆发后，该公司立即发声明道歉、全面召回产品、相关岗位管理人员辞职，政府监管部门进驻调查、委托第三方进行多次检测，整个过程透明发布。虽然最终确定并无致病菌污染，但生产方在食品安全上宁可虚惊不要放纵的态度最终赢得了消费者的认同，实现了舆情方向大逆转，避免了有安全风险的食品原料的扩大，也避免了一场信任危机。

参考文献

［1］李亚萍，崔广智，苏德亮，等．恒天然全脂乳粉营养成分分析［J］．食品工业，2020，41（2）：326－328.

［2］逯文娟．新西兰初级产业部宣布：多次复查未发现肉毒杆菌［J］．食品安全导刊，2013（9）：14.

［3］恒天然“肉毒杆菌事件”大事记［J］．质量探索，2013，10（8）：8.

［4］新西兰恒天然浓缩乳清蛋白检出肉毒杆菌［J］．中国标准导报，2013（8）：

26－29.

［5］姚岚，人民网．新西兰恒天然奶粉肉毒杆菌事件危机应对启示［EB/OL］．中国经济网，2013－09－03.

二、教学指导意见

（一）关键问题（教学目标）

通过对本案例教学使学生学会主动学习和独立思考，了解肉毒梭菌的污染范围、危害及其致病机制，熟悉肉毒梭菌的常用检测方法，掌握食品生产中肉毒梭菌的控制技术方法。学会分析食品加工过程中的危害因子及工厂溯源措施，掌握食品安全应急管理的方法。

（二）案例讨论的准备工作

1. 学生讨论内容的准备工作（食品安全相关知识，要求提前自主学习，独立完成作业）

（1）浓缩乳清蛋白粉的定义、生产工艺流程以及原料要求。

（2）肉毒梭菌与梭状芽孢杆菌的特征、危害，污染源以及它们之间的区分。

（3）肉毒梭菌与梭状芽孢杆菌的常规检测方法和技术。

（4）国家食品安全标准中的微生物污染的相关规定。

（5）食品加工设备清洗、维护和管理等相关规定和细则。

（6）危害分析与关键控制点（HACCP）、卫生标准操作程序（SSOP）、就地清洗（CIP）在乳制品生产加工中的作用。

（7）我国对于进口乳制品的检验检疫要求。

2. 学生讨论问题的准备工作（要求以小组的方式准备，但内容不限于以下选题）

（1）肉毒梭菌是如何被发现的？企业发现“浓缩乳清蛋白粉检出肉毒梭菌”后，接下来是如何处理的？

（2）肉毒梭菌污染奶粉事件发生后，为什么会引起社会广泛关注？

（3）在浓缩乳清蛋白粉生产过程中，如何控制微生物的污染？

（4）新西兰和我国政府监管部门在整个事件中是如何作为的？针对事件的处理态度如何？

（5）该事件对供应方乳品企业和涉事企业以及社会造成哪些不良影响？应如何规避？

（6）这个事件给我们的警醒是什么？假如你是该企业的责任人，当事件发生时如何应对？

（7）该案例中相关单位是如何进行“追”和“溯”的？对食品安全问题的召回和追溯，我国还有哪些方面需要完善？

（三）案例分析要点

1. 引导学生分析肉毒梭菌污染奶粉事件的食品安全性质

食品安全问题本身被分为物理性、化学性、生物性污染和非法添加等几大类。分析此案例时要引导学生分析事件的起因，明确事件的食品安全性质。食品中的生物性危害包含引起食物中毒的细菌及其毒素、真菌及其毒素、病毒、寄生虫、昆虫造成的危害。层层剖析，引导学生认识该案例中的肉毒梭菌及毒素，了解肉毒梭菌及其危害，掌握食品生产中肉毒梭菌的控制技术方法和相应的常规检测方法等相关知识。

2. 引导学生认识肉毒梭菌产生的危害及此事件产生的影响

充分认识肉毒梭菌和梭状芽孢杆菌的区别和对人体的危害，强调企业生产过程中控制微生物的污染、管道清理要遵从操作卫生安全规范的重要性；论述企业在经济利益、社会影响等方面的利弊得失，以及此类事件对企业和消费者的影响。从企业方、政府等不同角度制定出应急反应或快速控制危害传播的方法。

3. 案例调查过程中采用的方法分析

在新西兰肉毒梭菌污染奶粉事件中，新西兰最高监管机构初级产业部委托在美国和新西兰的第三方实验室对该事件公司生产的浓缩乳清蛋白重新进行了检测。研究者进行了危害识别。同时，通过前后检测的结果对比，引导学生关注在肉毒梭菌和梭状芽孢杆菌的鉴定检测方法上还存在局限性，如何采用更有效的措施进行识别，避免类似事件发生。

4. 管理制度的制定及有效实施

以此案例为警示，引导学生认识，一是企业除制定生产原料和加工过程的管理制度和落实措施以外，不可忽视加工设备的清洁及管理制度。加工企业在原料审查和产品检查时除化验单和一般性检查外，还应对设备进行定期清洗和卫生安全检测。二是食品企业要提升食品中微生物检测鉴定和防控的能力。

（四）教学组织方式（对在课堂上如何就这一特定案例进行组织引导提出建议）

1. 问题清单及提问顺序、资料发放顺序

课前先发放问题清单，布置作业。发放案例正文，仔细阅读后，使学生理清事件发生的整个过程。

2. 课时分配（时间安排）

该案例教学时数建议3～6学时，事件回顾、问题发放和作业总结1～3学时，讨论和总结2～3学时。

3. 讨论方式（情景模拟、小组式、讨论式等）

根据案例内容，分组进行情景模拟，也可自己设置事件处置措施推演事件的发展走向和得到不同的结果；可以采用小组讨论方式，对案例整体环节进行分析，可以提前准备好肉毒梭菌和梭状芽孢杆菌的彩色打印图片或者 PPT 图片展示，学生讨论时区分异同；将 HACCP、SSOP、CIP 等引入案例讨论，让学生围绕企业如何防控微生物污染、生物性危害开展建设性讨论，各小组组长总结发言。

4. 课堂讨论总结

由任课教师完成，结合同学们讨论的各种问题和方案进行全面总结，主要总结本案例的核心关键问题，可借鉴的经验和教训，应加强的知识和现在环境下的解决方案要点。

（五）其他

1. 计算机及视听辅助手段支持

推荐案例相关的视频、相关媒体报道内容在课堂展示。

2. 建议的板书

记录课堂分析要点和讨论结果，给出提示词。

3. 本案例启示

（1）事件发现的方法

①提高食品企业的自我监察与检测：该案例中的事件是企业自我检测出厂产品时发现的。从事件发生开始，该企业就立即启动了应急措施，企业预测，经过召回措施，食品安全问题在 48 小时内得到控制，尽最大努力减小消费者的损失。目前，我国的大多数食品企业完善了各生产环节的监管，企业监管不但要严格检查出厂产品，维护品牌形象，从中发现安全问题的隐患或线索，主动出击，主动作为，而且还要根据不同事件做出紧急预案，提高安全事件应急管理积极性和主动性，把安全问题消灭在萌芽状态，防止安全事件的扩大。

②完善样品的科学管理方法：关于该事件发生原因的追查是从终端产品配料向供应链前端开始的，案件发生公司的一工厂发现其 2012 年 5 月生产的浓缩乳清蛋白粉检出肉毒梭菌，是造成此次事件的根本原因。该事件提醒食品企业的食品质量和安全管理人员要严格掌握食品现场管理要求，包括采样、留样、检测方法和结果判断及产品出库管理的内容。

（2）企业的食品安全管理制度

①落实管理制度是保障食品安全的关键：该公司是知名品牌公司，在生产技术和管理制度化水平上处于领先水平。但是，因为临时的管道问题，引发了这样的事件，不但对品牌信誉度有影响，经济方面也是不小的损失。食品企业如果安全意识淡漠，思想上麻痹大意容易酿成大祸。

②加强生产过程中食品安全意识的教育：控制微生物污染是保障食品品质和安全的核心。因此，在国家食品安全标准中对各类食品都规定了微生物的种类和限量。为此，要控制食品加工过程条件并采用相应的措施控制微生物的污染水平，使其在安全线以内。生产设备是生产过程中非常重要的环节，应该按时清理。本案例中的生产技

术人员恰恰是因为对“临时管道”粗心大意，埋下了事件的祸根。因此，该事件提示我们要加强企业员工食品安全意识教育。

另一方面，作为终端产品的制造方应该了解最终产品的去向，一旦遇到问题，应立即做出回应，不逃避，不掩盖。这个案件提示，安全管理者不但要审核上游供货商提供的安全指标，还要对原料生产过程和加工设备加强管理，从中发现可能存在的安全隐患。

（3）突发情况应对能力问题　突发性事件有不期而至的一面，但另一方面食品安全事件的突发性多是隐患被忽略和麻痹大意所造成的。如何对待和处理好突发性食品安全事件是当事者控制事件危害能力和主动作为能力成熟的标志。

①加强突发事件应对能力：这个案例是在产品生产过程中产生了问题，根据生产规程要求，凡是需要使用的设备，都应该定期进行清洗、消毒，然后才能使用。如果没有相应的设备清洗管理规定，思想意识上再麻痹大意，没有主动应对的策略，容易埋下安全隐患。造成该事件的原因就是未贯彻现场卫生管理要求。因此，企业要加强各种突发事件的模拟和应对训练。

②主动作为，防止危害扩散：事件发生后要主动出击，积极作为，控制事件发展成公共事件，将安全风险降到最低。该案例中当事企业在发现问题后立即对外公布，引起高度重视，果断采取召回产品等措施阻止事态的扩大，其积极应对事件的态度和措施，减小了品牌信誉的损失，查明原因后，其处事态度获得了肯定。因此，该事件提示，在食品安全危机管理上必须主动作为，承担主体责任，果断采取措施控制危害扩散，将安全问题的影响降到最小。

该事件还启示人们，食品安全没有零风险，任何一个哪怕微小的失误都可能引发食品安全事件。我们还可以就案例发生的原因、调查过程中采用的科学方法、对调查结果的分析与判定等结合已学习过的食品安全知识进行讨论，看是否有超出我们已学过的知识范畴的新知识，学会总结出新问题、新知识和新概念。

另外，反思我国同类行业是否存在相似问题和风险隐患，展望是否有新的技术或方法可应用于该类安全风险的控制。并且可以进一步思考和讨论以下问题：

①HACCP、SSOP、CIP 清洗系统在乳品生产过程中是如何应用的？

②肉毒梭菌有哪些检测方法？与一般菌群检测有什么不同？

③通过本案例的分析，请回顾在食品安全管理过程中，哪些是应该加强的，请提出应该加强的具体措施。

④通过本案例学习，你对我国乳品企业有哪些建议？

案例四　牛奶黄曲霉毒素 M1 污染事件

学习指导： 本案例介绍了 2011 年某乳业有限公司乳品中黄曲霉毒素 M1（$C_{17}O_{12}H_7$）超标事件，并对该事件的发生、发展以及各级政府管理部门、企业、消费者和媒体对此次事件所起到的积极作用进行了回顾，分析了此案例所产生的社会影响。通过本案例教学使学生学会主动学习，了解黄曲霉毒素来源、产生及其危害，掌握食品安全管理体系及食品安全可追溯体系，为食品安全专业学生培养应对或解决此类食品安全事故的能力提供帮助。

知识点： 食品中的黄曲霉毒素及其危害

关键词： 黄曲霉毒素，食品安全，追溯

一、案例正文

黄曲霉毒素（Aflatoxin，AFT）产生于黄曲霉菌（*Aspergillus favus*），广泛存在于霉变的花生、玉米等谷物中。黄曲霉毒素按照其在紫外线下的荧光颜色命名，发蓝色荧光命名为 B 族，发绿色荧光为 G 族。黄曲霉毒素 M1 是 B 族中 B1 体内代谢物，能损害人的肝脏，诱发肝癌。1993 年黄曲霉毒素被世界卫生组织划为 1 类致癌物。2011 年 12 月 24 日，国家质量监督检验检疫总局公布的对全国液态乳产品的质量监督抽查公告中显示，某乳业公司生产的 250 mL 利乐盒装鲜奶黄曲霉毒素 M1 超标 140%。事件经媒体报道后，受到政府和广大消费者的广泛关注，公司官网连发两条道歉声明，尽管声明中未出现关于产品中含有黄曲霉毒素的详细原因，但该公司在此次事件后着手建立食品质量安全可追溯体系。这次的黄曲霉毒素污染事件进一步提醒我们要重视供应链原料的安全管理，及时向社会披露食品安全信息，同时要承担食品安全主体责任。

（一）事件的发生

2011 年 12 月 24 日，国家质量监督检验检疫总局对全国乳产品进行抽检，对某公司的 25 个批次的产品检测结果显示，该公司 2011 年 10 月 18 日某工厂生产的纯牛奶中显示黄曲霉毒素 M1 超标 140%（标准值：≤0.5μg/kg，实测值：1.2μg/kg），相关人员表示国家质量监督检验检疫总局在工厂抽检时，该批次产品尚处在保温期的工艺流程中。

（二）事件原因调查

该公司官网在问题产品被检测超标后通过媒体连发两则道歉声明，但声明中并未

具体说明产品中含有黄曲霉毒素 M1 的原因。记者采访多位业内专家，专家们认为，工厂地处四川，天气多为阴雨天，饲料长期处在潮湿的环境中容易发霉，产生黄曲霉毒素，奶牛食用霉变的饲料导致了牛奶中含有黄曲霉毒素。经询问调查了解到，奶牛饲料由 20% 精饲料和 80% 粗饲料组成，精饲料的主要成分是玉米，玉米在该地区湿度大、温度高的天气下，极易霉变而产生黄曲霉毒素的污染，奶牛长期食用霉变的饲料会在体内积累黄曲霉毒素，因此所产的牛奶中黄曲霉毒素含量较高。公司相关负责人表示，由于在奶源检验上的失误，未能检出奶源中超标的黄曲霉毒素，虽然没有造成伤害，但公司确有责任，需要反思。

（三）事件后续处置

1. 行政管理方面

国家质量监督检验检疫总局相关负责人表示，在事件发生后已立即责令当地相关质监部门检查、整顿生产企业和处理不合格产品。除此之外，国家质量监督检验检疫总局将长期加强对乳品的黄曲霉毒素 M1 的监督检查工作，加强对乳品原奶、生产过程及成品中黄曲霉毒素的检测，对产品中黄曲霉毒素 M1 问题从源头到销售进行严格控制。此外，规定各地质检机构将黄曲霉毒素 M1 指标纳入液体乳检测内容，一旦发现黄曲霉毒素 M1 有超标问题，对企业及相关责任人依法处置。相关管理部门要求，是为了保障液体乳的质量安全，各组织应严格遵守以上规定，把食品可追溯体系提上日程，对企业进行全程监督管理。

2. 企业方面

针对国家质量监督检验检疫总局的乳品黄曲霉毒素检测结果，该公司通过官网连夜发表两则道歉声明，表示公司立即对相关批次全部产品进行了封存和销毁，显现出负责的态度。此外，此次事件也促进了企业对食品安全问题的高度重视，并将落实生产加工过程中的质量安全问题作为公司的主要目标。2012 年，该公司积极参与国家发改委会同财政部推出的国家重点食品质量安全追溯在物联网中的应用工程，承担了质量安全追溯物联网系统建设项目。通过引用物联网技术丰富了乳品生产的监管手段。该项目在 3 年时间内建立了从牧场、生产工厂到经销商的产品质量安全追溯体系，将牧场、储罐、生产线、仓储节点等实体纳入到系统内，利用物联网技术和信息技术采集各业务环节关键信息，形成完整的数据链，实现了产品质量安全可追溯。通过质量安全追溯物联网系统建设示范工程实施，能够实现公司旗下婴幼儿奶粉、有机奶、学生奶等 18 个品项的追溯管理，通过企业、地方和国家三个平台共享公司产品质量的相关数据，取得了国家机构可监管、消费者可查、公司可追溯和召回的效果。

3. 消费者方面

然而，众多消费者表示对该公司处理事件的做法和效果感到失望，认为作为中国民族品牌的杰出代表，并未起到带头作用。经历多件该公司食品安全事故之后的消费者，对该公司信任度大大下降，消费者对乳品的消费信心受到严重损害。食品工程学某博士表示，“此事件反映了该公司在生产和质控方面存在的不足。无论哪个环节出现问题，该公司都具有不可推卸的责任”。另一位专家也强调，饲料的霉变是由于存储不当造成的，“属于个别问题并非普遍现象”。但从2011年12月28日的股价表现看，投资者并未因为“个别问题”而放弃发泄。26日和27日港交所适逢圣诞假期休市，积压了两天的投资者恐慌情绪在28日大爆发，导致该公司股价大跌。一些与该公司原料奶供应相关联的企业虽然已表态与该公司“问题奶”划清界限，但关联企业的股票仍受到了牵连，重挫12.3%，收报1.57港元。该公司出现的此次安全事故的影响延续了数月，使消费者信心严重受挫。

4. 媒体方面

2011年12月26日，国家质量监督检验检疫总局相关负责人回答新华社记者时表示，对黄曲霉毒素M1的检测必须严格执行。时代周刊对该公司事件报道指出，牛奶事件并不是第一次了，该处罚的也处罚了，该道歉的也道歉了，态度都很诚恳。事情还是屡次发生，除了企业自身的问题，监管部门恐怕也难辞其咎。南方都市报对此次事件报道指出，市场已经不再相信一而再、再而三的道歉，对有良心、有担当的食品企业来说，最重要的工作不是道歉，更不是公关，而是责任心和对生命的尊重，把消费者的健康放在第一位，否则，失信者一定会受到市场的惩罚。

参考文献

[1] 郭耀东，任嘉瑜，韩晓江，等．乳制品中黄曲霉毒素M1风险评估研究进展与趋势［J］．湖北农业科学，2019，58（20）：9－13.

[2] 郑君杰，方芳，孙志伟，等．利用荧光定量技术检测生鲜乳中黄曲霉毒素M1［J］．中国奶牛，2019（3）：56－58.

[3] 武建清，李健华，林强，等．应用追溯系统保蒙牛乳品安全——蒙牛产品质量安全追溯物联网应用示范工程研究［J］．条码与信息系统，2017（2）：20－22.

[4] 程森，何坪华．乳制品质量安全事件的溢出效应分析——以蒙牛食品危机事件为例［J］．世界农业，2015（8）：124－130.

[5] 陈慧谦，薛可．危机传播中的归因——以蒙牛致癌事件为例［J］．新闻世界，2013（12）：129－130.

[6] 伍羽．乳业正期待着一场真正的变革［J］．中国质量万里行，2012（11）：73.

[7] 张越．“蒙牛致癌门”事件中新媒体舆论的作用［J］．新闻世界，2012（5）：97－98.

[8] 叶东东，华实，叶尔太，等．浅析奶牛饲养过程中黄曲霉毒素的危害及预防［J］．新疆畜牧业，2012（4）：38－39.

[9] 刘杰克. 从蒙牛危机看社会责任 [J]. 企业研究，2012 (3)：24 -25.

[10] 吕建军. 中国乳品行业企业危机管理问题研究 [D]. 呼和浩特：内蒙古大学，2011.

[11] 宋会平. 媒体应如何报道食品安全问题 [J]. 新闻实践，2011 (7)：44 -46.

[12] 江洋. 乳制品安全检验中存在的问题及应对措施分析 [J]. 食品安全导刊，2018 (33)：128.

二、教学指导意见

（一）关键问题（教学目标）

通过本案例教学，使学生了解黄曲霉毒素在食品中的危害，以及民众对黄曲霉毒素的认识误区。学会制定完整的食品可追溯链，并进行模拟召回，掌握食品安全制度的制定与落实。进一步锻炼学生主动学习能力，了解食品企业的信息化建设。学习和了解食品安全、食品可追溯体系、食品安全应急管理制度等概念。

（二）案例讨论的准备工作

1. 学生讨论内容的准备工作

（1）资料查阅　黄曲霉毒素的危害、污染现状及控制方法等；查阅新闻报道、市场监督管理部门的报告、相关网页推送等，了解乳品在生产加工、运输、销售等过程中存在的食品安全问题有哪些，国内外企业为应对这些问题常采用的方法有哪些，对国内外的不同处理方法进行对比、总结，并进行相应的风险分析，应用具体实例说明乳品质量追溯体系。

（2）查阅乳品质量的其他相关或（和）其类似报道文献，对本案例进行补充。

2. 学生讨论问题的准备工作（要求以小组的方式准备，但内容不限于以下选题）

（1）引起黄曲霉毒素 M1 污染的原因主要有哪些，能引起人体哪些伤害，如何预防?

（2）该乳业有限公司为何要建立乳品可追溯体系?

（3）企业、政府部门、消费者在整个案例中是如何对待此事件的?

（4）该乳业有限公司何时建立的食品质量安全可追溯系统，体系是否存在需要改进的地方？如果有，请简要说明，并提出可行性改进意见。

（5）以本文案例为例，说明如何运用可追溯系统对污染产品进行模拟召回？阐明应急管理制度应如何实施。

（6）从这个案例中，你对食品安全定义有了什么新的认识?

（7）食品质量安全可追溯系统的特点及其具体实施方法?

（8）总结食品质量安全可追溯系统的作用方式，如何看待可追溯系统在食品质量安全中的重要作用？

（三）案例分析要点

1. 引导学生分析本事件形成的主要原因

牛奶黄曲霉毒素 M1 污染事件的来源是饲料，对饲料进行防御，能有效解决黄曲霉毒素顺供应链传播的问题。一方面要采取措施改善饲料的贮藏条件，控制好饲料的水分和贮藏环境的湿度，预防饲料发生霉变并产生毒素；另一方面，要加强对饲料的检测和分析，对发现有霉变的饲料进行摒除，从源头上防止饲料被产毒菌污染；再就是加强对原料奶的检测，从加工原料上进行控制。

2. 对该案例中黄曲霉毒素污染分析的局限性的讨论和解决方法

该安全事件是对上市产品统一质量检测时发现的，对造成污染的分析采取了通过对事件发生后进行食品质量追溯方式，对未出售的商品大范围抽检排查，追根溯源。体现了根据事物发生结果进行倒查分析和溯源的分析思路。一方面，采用科学分析手段进行排查问题；另一方面，在管理和相关地理环境方面通过专家、当事人访谈等对问题发生的可能原因进行广泛的调查。

方法的局限性：本案例能够进行问题排查，确定黄曲霉毒素的来源，保障食品安全，保护消费者健康，其中的具体方法体现了分析技术在食品安全管控中发挥的作用，可深入学习和用于指导实际工作。但由于食品可追溯体系不健全，从事件发生到该公司官网发布道歉声明共计 4 天，未能高效确定事件的主要原因。因此，需要在食品加工生产的各个环节均建立详细的监督管理系统，完善食品可追溯体系，一旦出现食品安全问题，可以比较容易通过多项食品筛查，找到源头。

3. 对于牛奶黄曲霉毒素 M1 污染事件，食品、健康等科学报道应注意的问题

对媒体来说，对于食品安全事故的报道，受到多方面利益制衡从而使媒体报道受到制约，媒体应提升新闻专业理念，遵从客观性、真实性、独立性和自由性的原则。实事求是地将事情真相报道给消费者，实现公众的知情权，并遵循自我的职业素养，对社会舆论进行正确的引导。

4. 引导学生分析此事件是什么性质的食品安全问题

食品安全问题本身被分为物理性、化学性、生物性污染和非法添加等几大类。引导学生分析事件的起因，明确事件的性质，确定事件的主要责任，掌握相关的行为规范，处理办法，预防控制措施。

5. 引导学生认识该类食品安全问题产生的规律

类似该案例的黄曲霉毒素含量超标的食品安全事件在世界范围内经常发生。该事件可能是奶牛饲料受到了黄曲霉污染，并从生产供应链传递到最终产品。引导学生了解黄曲霉及其毒素的产生环境条件，以及毒素的对热、酸碱和消化的稳定性，掌握在食物链中变化规律和毒性，根据危害因素的产生条件提出解决问题的不同方案，并从科学性，实用性和经济效益对方案进行评价。

6. 管理制度的制定和有效实施

监管部门必须加以引导和监管。对养殖场的模式化问题进行引导，对奶农加强相关食品安全知识培训，提高食品安全管理意识，从源头降低类似安全事件发生的风险。同时，加强从原料奶到乳品加工过程的监管，建立健全各项监管制度，充分利用高科技手段对对乳品质量安全卫生情况进行跟踪监测，把好乳品市场准入关，确保乳品源头安全。

（四）教学组织方式（对在课堂上如何就这一特定案例进行组织引导提出建议）

1. 问题清单及提问顺序、资料发放顺序

课前发放与案例正文相关的食品安全知识问题，要求学生查阅资料，弄清相关知识或概念，巩固食品安全知识。然后发放供学生分组讨论的问题清单，要求学生小组认真准备，并在课堂上汇报。

在案例正文及有关乳品质量安全可追溯体系文献的基础上，引导学生精读和细化文献内容，查找乳品质量安全可追溯体系的拓展和延伸资料，并进行交流和总结。

2. 课时分配（时间安排）

该案例教学时数建议3～6学时，事件回顾和作业总结1～3学时，案例讲解、讨论和总结2～3学时。

3. 讨论方式（情景模拟、小组讨论等）

根据案例内容，可以分组进行情景模拟，也可自己设置事件处置措施推演事件的发展走向和得到不同的结果；也可以采用小组讨论方式，组长总结发言。

4. 课堂讨论总结

由任课教师完成，主要总结本案例的核心关键问题，当时背景下解决方法的不足及现在环境下的解决方案要点。

（五）其他

1. 计算机及视听辅助手段支持

推荐案例相关的视频在课堂播放。

2. 建议的板书

记录课堂分析要点和讨论结果，给出提示词。

3. 本案例启示

该公司牛奶黄曲霉毒素M1污染事件对于中国的食品发展尤其是乳品的品牌形象造成了一定冲击，人们对食品安全提出了严重质疑。虽然事后该公司也在第一时间对此次事件给予了处理，但还是引发了人们对食品安全问题的深刻反思。此次事件也为类似食品安全事件的应对提供了重要参考。

（1）企业方面的启示　乳品企业要明确社会责任。企业在经营过程中要实现企业经济发展目标，同时也要明确社会责任，二者之间是统一和相互促进的关系。关于黄曲霉毒素食品安全事件并非近期出现，最早在1960年就曾发生过。但这些事件并没有给企业带来警示。因此，在现代生产手段高度现代化的条件下，要牢记企业社会责任，将企业发展目标与社会责任相结合，采用现代科技手段避免再次出现黄曲霉毒素发生的风险。一旦发生，要按《中华人民共和国食品安全法》追查企业的主体责任，追责到人，并要落实相关处罚，起到以儆效尤的作用。

（2）食品安全监管部门方面的启示　该公司牛奶黄曲霉毒素M1污染事件提示企业要加强食品检测及溯源体系建设。建立和完善食品质量安全检测和可追溯体系，可对事件发生后明确其问题产生的来源和随产品延伸的程度，及时采取应急管理措施，做到及时止损。正是由于企业在这方面的基础建设不足，才导致2011年企业未能发现产品被黄曲霉毒素污染问题。

该案例除给予我们上述启示外，我们还可以结合已学习过的食品安全知识进行讨论分析，看是否有超越我们已学过的知识范畴的新知识，学会总结出新问题、新知识和新概念。

以本案例为例，在问题产品的发现、召回和处理的过程中，会存在哪些问题，如何解决这些问题，予以解析和评价。

（六）黄曲霉毒素引起的其他污染事件

1960年英格兰东南部十万只火鸡受黄曲霉毒素影响，火鸡食欲不振，两三个月之内相继死去，经过研究发现是饲料中的花生霉变生成黄曲霉毒素，火鸡食用后中毒死亡。这是全世界第一次发现黄曲霉毒素的存在，英国对黄曲霉毒素进行深入研究，包括黄曲霉毒素毒性、作用机理、检测以及制定谷物粮食及饲料中黄曲霉毒素含量限量标准。这个案例不仅仅是给人类提供了对黄曲霉毒素的认知，也给我们提供了毒素发现和研究的方法等知识，以及相应食品安全毒理体系构建方法。请参照中国专业学位案例中心收录的相关案例深入学习。

另一个案例是，2011年12月24日福建某乳品有限公司生产的纯牛奶（精品奶）被检出黄曲霉毒素M1含量不合格，实测值为0.9μg/kg，超标80%。12月25日该公司在其官方网站上发布致歉函称，事件发生后公司立即启动召回程序对这一批精品奶进行封存和销毁，同时内部进行质量体系管理的大整顿，再次强化从奶源、生产、运输等各个环节严把质量关，并且延伸到牛奶产业链上游的控制，对饲料进行严格的批批检测。事件发生后，国家质检部门对该乳品企业进行严格跟踪检测，未发现黄曲霉毒素超标产品。

案例五　香肠单增李斯特菌污染事件

学习指导： 本案例介绍了 2013 年 9 月至 2014 年 8 月发生在丹麦的香肠食物中毒事件。本案列描述了该事件的发生、发展过程，讲述了事件发生和处置过程中企业、管理部门、媒体及消费者的反应。通过对事件的再现，剖析事件发生的背景和原因，明确事件的主体责任，揭示单增李斯特菌食品安全事件需要多主体、多环节参与控制。通过本案例教学，使学生认识单增李斯特菌的基础特性，学会分析食品链条中的危害因子，建立类似食品安全事件的分析和处理方法，科学规划控制措施。

知识点： 食品污染，致病微生物，食品质量安全管理体系

关键词： 单增李斯特菌，香肠，微生物污染

一、案例正文

单核细胞增生李斯特氏菌（*Listeria monocytogenes*）简称单增李斯特菌，是一种人畜共患病原菌。它能引起人畜的李斯特菌病，感染症状包括败血症、脑膜炎、单核细胞增多等，易感人群主要有新生儿、老人以及免疫力低下者。单增李斯特菌广泛存在于自然界中，主要污染生乳、奶酪、肉及肉制品、鸡蛋、蔬菜沙拉、海产品及即食食品。特别值得注意的是，单增李斯特菌在 4℃环境中仍可生长繁殖，是冷藏食品重点关注的食源性致病菌。因此，对食品中单增李斯特菌的检验非常必要。

（一）事件的发生

2013 年 9 月至 2014 年 8 月，丹麦陆续报道至少 41 例因单增李斯特菌引起的感染病例，其中 17 人死亡。病例患者的年龄范围为 43 ~ 90 岁，年龄中位数为 71 岁，病例中女性患者为 23 人，没有妊娠相关感染，41 例患者都有基础性疾病，且死亡病例的基础性疾病更严重。

（二）事件原因调查

2014 年 6 月，调查人员从最近通报的 2 例患者中分离出单增李斯特菌菌株，单核苷酸多态性分析（Single Nucleotide Polymorphism，SNP）表明感染 2 名患者的菌株显示出完全同一性。而且在过去的 8 个月中，已有 5 名患者感染同一菌株。在随后的 3 个月

中，患者数量增加至41名。2014年7月，通过SNP分析，调查人员发现A公司生产的即食五香肉卷（Rulleplse，丹麦特色肉制品，一种冷食腌制肉制品）（2014年4月28日例行抽检中采样，6月已召回相关产品）中分离的单增李斯特菌与新近从患者中分离的菌株相同。A公司在4月28日后的生产中又出现了单增李斯特菌的污染，由此，调查人员怀疑污染原因在于使用了被单增李斯特菌污染的原料肉。

2014年7月，调查人员通过访谈收集了26例患者的饮食史，其中对14例患者本人进行调查，另外12例患者的调查则与其亲属进行。调查表明，患者在出现症状前一个月的进食史中均有即食五香肉卷。研究人员通过搜集患者入院前、后时间段内的即食五香肉卷、疑似生产工厂的环境样本进行单增李斯特菌的分离，对分离的菌株进行全基因组测序，结果发现病例标本发现的单增李斯特菌与A公司的部分产品及1个环境样品检出的单增李斯特菌显示了相同的DNA分子指纹图谱。

（三）事件后续处置

A公司于2014年8月12日关闭，其在2014年4月28日之后生产的所有食品均在全国范围内进行召回。A公司是一家家族企业，拥有全国性的分销网络。通过回溯分析发现，A公司的产品已交付给74个二级公司/机构，并从那里转移到数千个下级分销机构。同时，还有5家二级公司/机构在自己的生产设施中对产品进行了二次加工处理。由于存在交叉污染的可能性，因此召回了二级公司/机构的产品，此次召回影响了6000多个个体场所业务（包括生产商、贸易商、商店、饭店、商业厨房等）。同时，据德国媒体报道，污染的香肠可能通过德国和丹麦边境贸易销往德国石勒苏益格－荷尔斯泰因州。德国消费者保护与食品安全局收到了来自丹麦的食品警示并发布预警，建议消费者不要食用该工厂生产的产品。

参考文献

Kvistholm Jensen, A., Nielsen, E. M., Björkman, J. T., et al. Whole－genome sequencing used to investigate a nationwide outbreak of listeriosis caused by ready－to－eat delicatessen meat, Denmark, 2014 [J]. Clinical Infectious Diseases, 2016, 63 (1), 64－70.

二、教学指导意见

（一）关键问题（教学目标）

通过对本案例教学使学生认识单增李斯特菌的基础特性、危害和致病机制，学会分析食品链条中的危害因子，掌握食源性致病菌中毒事件的分析方法，并采取科学控制措施。

（二）案例讨论的准备工作

1. 学生讨论内容的准备工作（食品安全相关知识，要求提前自主学习，独立完成作业）

（1）中国、丹麦、欧盟等国家及组织对食品中单增李斯特菌的限量要求。

（2）单增李斯特菌基础特性特征、污染途径、危害。

（3）单增李斯特菌检验方法。

（4）食品安全中毒事件调查方法。

（5）丹麦即食五香肉卷的加工工艺、原料要求及关键控制点。

（6）食品分析样本的采样原则及实施要求。

（7）丹麦、欧盟食品安全管理体系与我国食品安全管理体系的区别。

（8）我国《食品安全法》关于食品安全主体责任的规定。

（9）基础性疾病。

（10）单核苷酸多态性分析的原理及应用。

2. 学生讨论问题的准备工作（要求以小组的方式准备，但内容不限于以下选题）

（1）丹麦即食五香肉卷加工过程中可能有哪些食品安全风险因子？

（2）微生物污染即食五香肉卷的途径可能有哪些？如何有效预防即食五香肉卷的微生物污染？

（3）假如你是该企业的责任人，当事件发生时你如何应对？

（4）假如你是管理部门的责任人，当事件发生时你如何应对？

（5）该案例中采用的调查方法及分析的先进技术有哪些？如何评价案例中的调查方法和程序的科学性、严谨性？总结出相应的流程图，并学会应用。

（三）案例分析要点

（1）引导学生分析此事件是什么性质的食品安全问题。

（2）引导学生分析如何避免肉制品加工过程中由微生物引起的食品安全问题。

（3）引导学生关注低温冷藏食品潜在的微生物污染问题。

（4）引导学生了解不同的利益相关方如何应对微生物引起的食品安全问题。

（四）教学组织方式

1. 问题清单及提问顺序、资料发放顺序

先发放问题清单，布置作业。发放案例正文，仔细阅读后，随机顺序提问，或小组集体汇报，使学生理清事件发生的整个过程。

2. 课时分配（时间安排）

该案例教学时数建议 2 ~ 3 学时，事件回顾、问题发放和作业总结 1 学时，讨论和总结 1 ~ 2 学时。

3. 讨论方式（小组式）

根据案例内容，分组进行事件推演，推演事件的发展走向、不同利益相关方的应对方式以及低温肉制品加工过程的关键控制点、防控体系建立等。

4. 课堂讨论总结

由任课教师完成，主要总结本案例的核心关键问题，潜在的类似食品存在的安全问题以及可借鉴的经验和教训。

（五）案例启示

单增李斯特菌为食源性致病菌，该菌主要污染生乳、奶酪、肉及肉制品、鸡蛋、蔬菜沙拉、海产品及即食食品，在食品原料制备、食品加工、流通和储藏等过程中均有可能污染食品，对于易受单增李斯特菌污染的食品类别，应重点防范食源性单增李斯特菌病的发生。同时，单增李斯特菌也被称作冰箱“杀手”，该菌在4℃的低温下仍能生长繁殖，4℃是家庭冰箱冷藏柜的常用温度，因此，冷藏食品保存时间不宜过长，食用前最好能彻底加热消毒。

管理部门和生产企业自身应加强安全检测能力，完善管理制度构建。2014 年 4 月该公司产品曾被检出单增李斯特菌超标，而 4 月后的生产中又出现了单增李斯特菌的污染并造成更多消费者的感染。该事件提示，食品企业应承担主体责任，生产条件达到安全后才能进行食品加工，而食品安全监管部门可重点监管曾有过爆发的风险因子，并督促相关企业做好关键控制点分析与控制。

（六）相同因素引起的其他案例

1. 美国香瓜李斯特菌污染事件

2011 年美国爆发因香瓜携带单增李斯特菌造成的食品安全事件，事件影响美国 28 个州，共报告 147 例感染，其中 143 人住院，33 人死亡。位于科罗拉多州的延森农场是这次大规模感染单增李斯特菌事件的源头。美国食品与药物管理局检测发现相关包装厂有单增李斯特菌大规模传播，卫生措施极差。

2. 美国食用问题冰淇淋致死事件

2015 年 4 月 9 日，美国疾病控制预防中心宣布，美国至少 8 人因食用美国蓝铃（Bule Bell）公司冰淇淋产品后感染单增李斯特菌而患病就医，其中 3 人死亡。获悉相关消息后，我国市场监督管理总局立即部署，要求相关省局迅速调查核实，采取控制措施。美国蓝铃公司在中国市场的销售总部即刻召回并销毁了全部未售出的蓝铃冰淇淋产品。

3. 法国李斯特菌污染奶酪事件

2019 年 4 月 3 日，法国通过欧盟食品和饲料类快速预警系统（RASFF）发出警报，法国生产出口的科罗米斯尔奶酪被单增李斯特菌污染，风险级别为严重，该奶酪已被出口至比利时、德国、瑞士等国家。4 月 9 日至 10 日，法国连续发布三批次出口奶酪召回声明，原因均为单增李斯特菌污染。4 月 12 日，丹麦开始发出警报，要求下架召回该产品。同一时间，澳新食品标准局宣布在澳大利亚召回多批次法国生产进口的奶酪产品。4 月 16 日，中国香港食安中心发布食物警报，提醒香港市民不要食用一款可能受李斯特菌污染的法国奶酪。后续，法国李斯特菌污染奶酪召回事件仍继续扩大，召回产品共涉及 30 多个国家与地区。

案例六　婴幼儿奶粉阪崎肠杆菌污染事件

学习指导：本案例介绍了 2001 年发生在美国田纳西州的阪崎肠杆菌感染事件及 2008 年发生在中国的某全婴幼儿奶粉阪崎肠杆菌污染事件。本案例以事件的时间为主轴，再现了事件的发生、发展过程，描述了危害因子——阪崎肠杆菌的识别过程，讲述了事件发生和处置过程中企业、监管部门、媒体及消费者所做的工作。通过还原事件过程剖析事件发生背景和原因，明确食品安全事件性质，分析企业加强食品安全技术管理、监管部门提升食品安全管理和社会构建风险交流系统的重要性。通过对本案例教学使学生学会主动分析问题，了解阪崎肠杆菌及其致病能力，掌握食品生产中致病菌控制技术方法、食源性致病菌的检测等相关知识。学会分析食品安全中的危害因子，制定和落实食品生产管控措施。

知识点：食品微生物污染，食品质量安全管理体系，风险交流

关键词：阪崎肠杆菌，婴幼儿配方奶粉，微生物污染，致病菌感染

一、案例正文

2001 年 4 月，美国田纳西州的一所医院发生了阪崎肠杆菌感染事件，致使 10 名婴儿感染，1 名男婴死亡。医务人员与美国疾病控制中心（Centers for Disease Control，CDC）协同对感染源进行了调查，结果从感染婴儿体内分离到的阪崎肠杆菌，与从婴儿所食用的已开罐和未开罐的婴儿配方奶粉中分离到阪崎肠杆菌的脉冲场凝胶电泳（Pulsed－field Gel Electrophoresis，PFGE）指纹图谱一致，从而确定了婴儿是由于食用被阪崎肠杆菌污染的奶粉而感染，由此发生了国际间第一次因阪崎肠杆菌污染的商业婴儿配方奶粉的广泛召回事件。2008 年 10 月 17 日，某全品牌的婴幼儿配方奶粉从深圳文锦渡入境时被检验出含有阪崎肠杆菌。不合格奶粉包括某全较大婴儿配方奶粉、

某全婴儿配方奶粉和某全幼儿成长配方奶粉，共计 9624kg。深圳检验检疫局立即对上述产品做退货处理。虽然被阪崎肠杆菌污染的奶粉未进入中国市场，但这次事件使刚刚经历了三聚氰胺风波的大众消费者对乳制品产生了信任危机，同时，媒体的不完全报道使消费者信息缺失，增强了消费者的恐慌情绪。受此次事件影响，某全公司销毁了价值 48120 美元的产品，品牌形象也受到严重打击。这两个事件说明，食源性致病菌的危害大，风险管理工作前置将有助于规避食品安全风险。企业要增强技术实力，落实管理制度，提升质量监测控制能力，从源头杜绝微生物引起的食品安全事件。政府管理部门应加强食品安全监管，同时要构建良好的风险交流体系，在食品安全事件中起到积极作用。

（一）事件的发生

美国田纳西州的阪崎肠杆菌感染事件自 2001 年 4 月发生后，医院、美国疾病控制中心、生产企业迅速对事件展开了应对处理和感染源调查。在此，按时间顺序对此事件发生发展过程及产生的社会效应进行回放。

2001 年 4 月，一名早产男婴（体重 1270g）在新生儿重症监护室（Neonatal Intensive Care Unit，NICU）进行治疗。在出生 11 天时，这名婴儿出现发烧、心跳过快、组织血管灌注减少、神经系统异常（疑似癫痫性活动）的情况。医院检测这名男婴的脑脊液培养物中含有阪崎肠杆菌。医生利用注射抗生素的方式治疗该婴儿的脑膜炎。然而，由于神经系统损伤严重，这名婴儿在 9 天后去世。

2001 年 4 月 10 日至 20 日，医院对新生儿重症监护室的其他新生儿加强了阪崎肠杆菌的监测。同时，医院工作人员连同田纳西州的卫生部门和美国疾病控制中心，联合调查了这次感染菌的来源。检测结果表明死亡婴儿脑脊液中的阪崎肠杆菌和未开罐、开罐的婴幼儿配方奶粉中分离的相同，这说明新生儿食用的配方奶粉是此次感染的来源。

2002 年 3 月 29 日，Mead Johnson Nutritionals 公司主动召回了与此次事件相关的 Portagen 系列产品（编号 BMC 17），这是第一次因阪崎肠杆菌污染引起的商业婴儿配方奶粉被广泛召回。

2002 年 4 月 10 日，医院发布了新生儿重症监护室中婴幼儿配方奶粉使用的修订条例，包括：NICU 不再使用婴幼儿奶粉，而使用商业无菌的即食液体乳；不再使用 Mead Johnson Nutritionals 公司生产的 Portagen 系列奶粉；如果有需要使用奶粉的特殊情况，须在专用的药剂室冲调奶粉；自冲调后食用时间由 8 小时减少为 4 小时之内。自执行以上条例后，该医院再未出现过类似的感染事件。

无独有偶，2008 年 10 月，某全奶粉也检出了阪崎肠杆菌，但由于此次奶粉不合格的信息是国家质量检验检疫总局在 2009 年 1 月公布的，因此在 2009 年初，该事件开始进入公众的视野并产生影响。在此，按时间顺序也对此事件发生发展过程及波及的社会效应进行回放。

2008 年 10 月 17 日，广东深圳某贸易公司向文锦渡检验检疫局申报从境外进口某全品牌奶粉，共计 1480 纸箱、9624kg，涉及货值 48120 美元。对该批货物实施抽样送检，其中某全较大婴儿配方奶粉、某全婴儿配方奶粉和某全幼儿成长配方奶粉均被检出含阪崎肠杆菌。深圳检验检疫局立即对上述产品做退货处理。某全公司官方声明称，被检出含致病菌的某全配方奶粉全部当场销毁。

2009 年 1 月 20 日，国家质量检验检疫总局网站公布了 2008 年 8 至 11 月进口不合格食品、化妆品信息，其中，深圳市一贸易有限公司经销的 3 种某全婴儿奶粉被检出致病菌阪崎肠杆菌。据国家质量监督检验检疫总局公布的信息，某全奶粉产自台湾，制造商为“某全食品工业股份有限公司”。

这一事件引起了媒体的广泛报道，但许多媒体在报道中仅报道了奶粉中出现致病菌的消息，而未报道这批奶粉的处理结果情况，导致引起消费者的恐慌。

2009 年 2 月 2 日，新华网刊发文章《质检总局：不合格某全奶粉未进入国内市场》对此事进行了澄清解释，在文中称“质检总局注意到，近期媒体和消费者越来越重视食品安全信息的发布。但有些媒体在转载或引用时，对上述不合格产品已被依法处理的情况没有全面说明”，并在文章的最后呼吁“希望有关媒体今后进行相关报道时能够准确、全面地报道相关信息，避免消费者的误解，引起不必要的恐慌”。

（二）事件原因调查

1. 美国田纳西州的阪崎肠杆菌感染事件

美国田纳西州的阪崎肠杆菌感染事件中，医院工作人员连同田纳西州的卫生部门和美国疾病控制中心，联合调查了这次感染的来源。新生儿重症监护室中的 49 名婴儿被筛查，检测出了 10 例阪崎肠杆菌感染或侵入的病例：1 例为被确诊的指示病例（脑脊液检测阪崎肠杆菌为阳性），2 例疑似感染病例（气管抽出物检测均为阳性），7 例侵入病例（6 例粪便培养物中阪崎肠杆菌阳性，1 例尿液培养物阳性），其中 1 例在尿液和粪便中都检出阪崎肠杆菌。

研究者采用病例对照研究方法对 49 名病人进行筛查，分析引起阪崎肠杆菌侵入和感染的危害因子。通过回顾医疗记录来分析可能的风险因素，包括孕龄、使用呼吸器、护理恒温箱情况，口服药物和喂养方式（全静脉营养、奶粉或液态乳、母乳）及方法（即连续或间歇给药）。在病例对照研究的 49 名病人中，9 名是病例，40 名为对照组[病例被定义为在新生儿重症监护室被感染（确诊或疑似）或菌体侵入的婴儿]。研究表明，食用一种婴幼儿配方奶粉（Mead Johnson Nutritionals 公司生产的 Portagen 系列，产地为美国印第安纳州的埃文斯维尔市）与阪崎肠杆菌的侵入和感染相关。9 名病例都食用了该奶粉，40 名非病例中 21 例食用了该奶粉。

为了进一步明确此次感染的来源，研究者将冲调奶粉的商业无菌水，以及在新生儿重症监护室使用的同一批次的开罐奶粉进行了微生物学研究。同时，从冲调奶粉的环境表面获取了环境样品，也检测了由生产商提供的与开罐奶粉批次一致的未开罐奶粉。水样品通过薄膜过滤法进行检测。奶粉样品先进行增菌，培养后挑选疑似菌落划线，具有阪崎肠杆菌菌落特性的黄色菌落被挑选进行进一步鉴定。结果表明，在未开罐和开罐的奶粉中检测到阪崎肠杆菌，水和环境样品为阴性。脉冲场凝胶电泳指纹图谱结果表明死亡婴儿脑脊液中的阪崎肠杆菌和未开罐、开罐的婴幼儿配方奶粉中分离的相同，这说明了此次感染的源头为污染阪崎肠杆菌的婴幼儿配方奶粉。

2. 某全婴幼儿乳粉阪崎肠杆菌污染事件

某全公司称，企业已检验所有生产流程，都没有查出污染，进口的奶源也没问题，因此这批被销毁的问题奶粉污染源仍未找出，推测可能在运送过程中遭到污染。当地管理部门到工厂采样进行检验，公布检测结果显示，某全奶粉通过检测，不含阪崎肠杆菌。

（三）事件后续处置

1. 美国田纳西州的阪崎肠杆菌感染事件

美国田纳西州的阪崎肠杆菌感染事件发生后，世界组织和各个国家陆续发布了关于阪崎肠杆菌分离鉴定的标准方法：2002 年，美国食品与药物管理局（FDA）发布了阪崎肠杆菌的分离鉴定方法。2006 年 2 月，国际标准化组织（ISO）和国际乳品联盟（IDF）联合公布了 ISO/TS 22964 - IDF/RM210。我国于 2005 年 8 月发布 SN/T 1632 系列标准，以及 2008 年 11 月 21 日发布 GB/T 4789. 40［该标准于 2010 年 3 月和 2016 年 12 月进一步修订完善，现行标准为 GB 4789. 40—2016《食品安全国家标准　食品微生物学检验　克罗诺杆菌属（阪崎肠杆菌）检验》］。并且，世界卫生组织和联合国粮农组织在 2007 年发布了《安全制备、贮存和操作婴幼儿配方奶粉指导原则》，分别对护理机构和家庭环境中喂养给出了详细的指导。

2. 某全婴幼儿乳粉阪崎肠杆菌污染事件

被检出有阪崎肠杆菌的某全奶粉是由某全云林县的工厂生产的。台湾云林县卫生部门要求该工厂生产线暂停运作。

2019 年 2 月 2 日，山西太原的沃尔玛超市已将某全奶粉全部下架。超市负责人说："虽然被下架的产品并不是该公司所生产的批次，但为了慎重起见，当地辖区工商所还是要求暂时下架，并要求供应商提供质检合格报告后，才准许重新上架。"

获悉某全食品的三类配方奶粉被检验出含有致病菌阪崎肠杆菌消息后，广州市工商系统展开全市范围内检查，出动执法人员 1200 人次，对全市 700 多家超市、300 多个食品批发及综合市场、2800 多家专卖店进行大规模抽查，将 395 罐（袋）大陆产"某全"集体下架，并要求厂家提供相应的阪崎肠杆菌检验报告后才准予重新上架。与此同时，工商部门还通知各大商家，要求商家督促厂家出具有关的阪崎肠杆菌检验报告。

截至 2 月 3 日，共有 6100 多名网友参加了某网站的投票，其中 90. 8% 的网友表示不再信任某全奶粉的质量，94.2%的网友称不会再购买某全奶粉。

2019年2月2日，受此事件影响，某全食品工业（1201.TW）股价遭遇跌停。2月3日，股价再度下跌。

参考文献

[1] Himelright I, Harris E, Lorch V, et al. *Enterobacter sakazakii* infections associated with the use of powdered infant formula - Tennessee, 2001 (Reprinted from Morbidity and Mortality Weekly Report, 2002, 51: 297-300) [J]. The Journal of the American Medical Association, 2002, 287 (17): 2204-2205.

[2] 覃小玲，任国谱．乳制品中阪崎肠杆菌的研究进展［J］．中国乳品工业，2011，39（11）：45-46.

[3] 李凤麒．建国以来《人民日报》食品安全事件报道研究［D］．合肥：安徽大学，2013.

[4] 进口“味全”含致病菌？［J］．品牌与标准化，2009（5）：46.

二、教学指导意见

（一）关键问题（教学目标）

通过本案例教学使学生学会主动学习，了解食源性致病菌的污染范围、危害及其致病机制，熟悉食源性致病菌的常用检测方法，掌握食品生产中食源性致病菌的控制技术。学会利用流行病学方法识别食品安全中的危害因子，理解风险交流在传播食品安全信息中的重要性。

（二）案例讨论的准备工作

1. 学生讨论内容的准备工作（食品安全相关知识，要求提前自主学习，独立完成作业）

（1）婴幼儿配方食品的国家食品安全标准中的微生物限量。

（2）食品安全标准中微生物污染的种类和限量制定的科学依据。

（3）婴幼儿配方奶粉的定义及生产工艺流程。

（4）食源性疾病的类型。

（5）阪崎肠杆菌的污染途径、危害、致病机制及易感人群。

（6）食源性致病菌对环境条件的耐受能力。

（7）流行病学调查方法的种类。

（8）食源性致病菌的常用检测方法。

（9）食源性致病菌的常用控制技术方法。

（10）我国对于进口食品的检验检疫要求。

（11）我国对婴幼儿配方奶粉生产企业监督检查规定。

（12）风险评估、风险管理和风险交流的内容。

2. 学生讨论问题的准备工作（要求以小组的方式准备，但内容不限于以下选题）

（1）阪崎肠杆菌是如何污染奶粉的？又是如何导致感染的？

（2）在婴幼儿配方奶粉生产过程中，如何控制微生物的污染？

（3）假如你是一名风险评估工作者，当美国田纳西州的阪崎肠杆菌感染事件发生时你如何开展工作？

（4）美国田纳西州的阪崎肠杆菌感染事件导致了美国医院使用液体乳替代奶粉以及奶粉相关标准的修订，引起了世界卫生组织和联合国粮农组织相应规则的制定，修订的标准和制定的规则中有哪些具体要求？你能结合其中的1～2条进行解读分析吗？

（5）为何被致病菌污染的某全奶粉尚未进入市场，却产生了如此重大的影响？

（6）企业应如何建立系统全面的安全管理制度？

（7）企业在食品安全事件发生后应该如何应对？

（8）假如你是一名负责食品安全的政府工作人员，当两个事件发生时你如何管理决策？

（9）企业、行政管理部门、媒体如何共同树立消费者对食品安全的信心？

（三）案例分析要点

1. 引导学生分析此事件是什么性质的食品安全问题

食品安全的危害因子包括物理性、化学性和生物性危害因子，生物性危害因子中包含细菌及其毒素、真菌及其毒素、病毒、寄生虫及虫卵。按照引起食源性疾病的途径，由细菌引起的食源性疾病可分为感染型、毒素型和混合型。层层剖析，引导学生理解食品安全危害因子的类型、食源性致病菌的致病机制、食源性疾病的类型。

2. 引导学生分析如何避免由微生物引起的食品安全事件

企业使用的杀菌技术方法有哪些，各有何利弊。由微生物和化学物引起的食品安全事件的污染原因有何区别。应该如何制定生产原料和加工过程的管理制度和落实措施，以避免由微生物引起的食品安全问题。监管部门应如何科学、有效监管。还能够采取哪些风险管理方法。同时，随着跨境运输的形式增多，如何加强监管。消费者应该如何降低食品微生物安全风险。

3. 引导学生理解美国田纳西州的阪崎肠杆菌感染事件中进行食品安全危害识别的研究方法

美国田纳西州的阪崎肠杆菌感染事件中，研究者使用了流行病学方法进行了危害识别，这样的方法一般分哪些阶段。危害识别还有哪些方法，微生物污染和化学污染的危害识别有何区别。

4. 风险管理和风险交流

在食品安全事件发生后，政府、企业应具备什么应急反应或快速控制危害传播的方法。在食品安全事件中，媒体应如何传播信息。风险交流在食品安全事件中的重要性，应该如何有效地进行风险交流。

（四）教学组织方式（对在课堂上如何就这一特定案例进行组织引导提出建议）

1. 问题清单及提问顺序、资料发放顺序

课前提前发放问题清单，布置作业。发放案例正文，学生进行仔细阅读，课上，利用板书提示事件发展关键词，由学生补充事件详细内容，使学生理清事件发生的整个过程。

2. 课时分配（时间安排）

该案例教学时数建议3～6学时，事件回顾、问题发放和作业总结1～3学时，讨论和总结2～3学时。

3. 讨论方式（情景模拟、同类案例分析、讨论关键控制环节等）

根据案例内容，可以分组进行情景模拟，也可由小组设置事件处置措施推演事件的发展走向和得到不同的结果；可以采用小组讨论方式，对类似案例进行分享，分析与本案例的异同；板书或道具展示奶粉生产加工环节，组长总结发言。

4. 课堂讨论总结

由任课教师完成，主要总结本案例的核心关键问题，可借鉴的经验和教训，应加强的知识和现在环境下的解决方案要点。

（五）其他

1. 计算机及视听辅助手段支持

推荐案例相关的视频在课堂播放。

2. 建议的板书

记录课堂分析要点和讨论结果，给出提示词。

在板书中，将美国田纳西州的阪崎肠杆菌感染事件和某全奶粉污染事件各画一个半圆，将两个事件进行联系，从而系统分析阪崎肠杆菌的污染、传播、致病、检测等要点，并比较2个事件处理过程的科学性和严谨性，提出自己是当事者的话应采取的方式方法（图1）。

同时，记录课堂分析要点和讨论结果，给出提示词。

3. 本案例启示

（1）风险评估工作前置将有助于规避食品安全风险　美国田纳西州的阪崎肠杆菌感染事件发生时，公众对其能够通过商业奶粉传播进而导致感染才有了认识，在此之后，

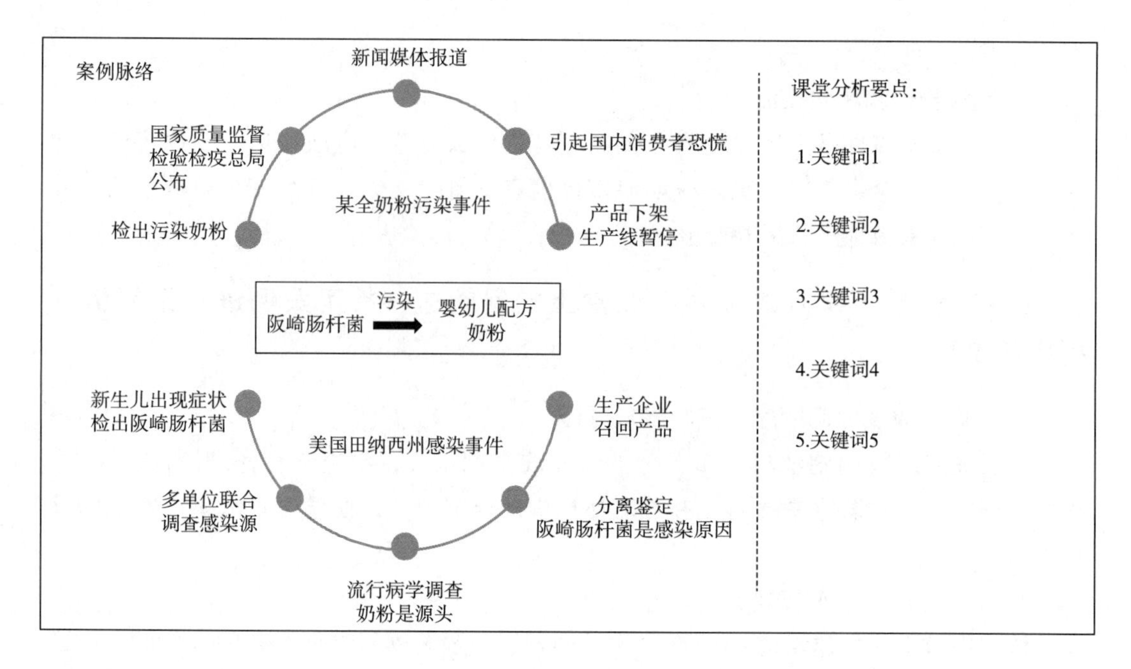

图1 建议的板书图示

世界各国才陆续发布了婴幼儿配方奶粉中阪崎肠杆菌的限量标准和检测方法。因阪崎肠杆菌检出率较低，所以世界卫生组织一直都未将其列为奶粉检验标准，直至2008年国际食品法典委员会才公布增列了奶粉中阪崎肠杆菌的检验标准。这个案例中的阪崎肠杆菌仅是一个代表，随着社会的快速发展，环境污染、新的食品添加剂、新的微生物等带来的食品安全问题将会越来越多。我国已在2011年成立了国家食品安全风险评估中心，对食品安全中的危害因子进行风险评估。这个事件提示，若能够对尚未引起食品安全事件、但存在风险的因素进行风险评估，使风险评估工作前置，将能够在食品安全问题上“未雨绸缪”，制定相关限量和检测标准，从源头减少食品安全事件的发生。

（2）企业的食品安全管理制度和质量监测控制的重要性

①增强技术实力，落实管理制度是保障食品安全的关键：除了本案例中的某全奶粉污染阪崎肠杆菌事件，近年来，食源性致病菌污染奶粉的事件还有多起，这一方面说明了婴儿配方食品安全问题要持续关注和加强监管，另一方面也说明了相关产品在生产过程中还是有“漏洞”，使得致病微生物“有机可乘”。这个事件提示，提升食品生产技术，提升产品安全和品质，是食品企业发展的核心内容。相关企业要增强技术实力，使企业的生产技术和实力能够与企业的快速发展、行业的新要求相协调，科研单位也要将制约企业生产实践的实际问题作为攻关内容，产学研联盟全力构筑食品安全屏障。食源性微生物有可能存在于原料、加工机械、器具、包装材料等多个位点，因此要防止致病菌污染乳制品，应严格按照国家标准、婴幼儿配方奶粉生产许可审查细则、婴幼儿配方奶粉注册管理办法等，建立科学而有效的HACCP体系，严格生产工艺，严格控制原辅料质量，依法规按程序照标准组织生产，降低微生物污染的可能性。

②企业质量监测控制能力是企业保障食品安全的第二道防线：企业在奶粉生产过

程中，未发现污染情况，污染事件发生后，企业仍然未能查明污染原因。阪崎肠杆菌的检测较难，奶粉生产过程中尤其是喷雾干燥过程的环境是污染的重要环节。这说明了食品生产企业在技术水平、分析检查能力、质量安全管理能力等方面的不足。生产企业要不断强化自身能力建设，强化从业人员食品安全知识培训，提升查明问题的分析能力，出现问题及时采取有效措施处理，避免影响扩大化。

（3）政府应对多渠道入境的食品加强监管　此次某全奶粉污染事件，我国监管部门及时发现问题，使“问题奶粉”未进入大陆市场。同时要意识到，此次某全污染致病菌奶粉是通过常规渠道进口的，因有进口检验检疫，及时将问题奶粉拦截在了境外。但随着全球一体化和消费模式的变化，境外食品进入我国的渠道越来越多。婴幼儿配方奶粉已是电商平台、网络代购等跨境销售的热门产品，2017 年通过跨境购、海淘、代购等方式进入我国的婴幼儿配方奶粉已突破 20 万吨，约占国内婴幼儿配方奶粉市场规模的 15%，基本与正规渠道进口量相当。这意味着，污染奶粉也可能通过其他多种渠道进入我国，并且跨境购产品来源、中间商及渠道流通呈现碎片化趋势，从源头到终端流通不透明，监管难度大。这不仅使注册制产生的效值大打折扣，也给消费者带来极大安全隐患，近期报道的婴幼儿配方奶粉香兰素使用问题也是一个很好的例证。因此，我国监管部门应高度重视对食品跨境销售的管理，出台加强跨境电商进口婴幼儿配方奶粉及其他食品监管的相关规定。

（4）社会应构建良好的风险交流体系　本案例污染阪崎肠杆菌的奶粉并未进入境内，但造成了我国消费者的恐慌，媒体断章取义的报道促成了事件的爆发。国家质量监督检验检疫总局网站于 2009 年 1 月 20 日发布这则信息，媒体于 2 月 2 日才进行报道（已不是“新”闻），并且报道时只引用有关“××奶粉检出致病菌”的内容，故意删去“已作出退运处理”等信息，个别不负责任的媒体，明显存在故意误导公众的倾向，从而引起了这场恐慌。这个案例提示，风险交流在食品安全事件中应起到良性作用，使各方了解正确的信息，理解风险管理的举措，我国也应建立利于风险交流的官方媒体，使信息传达更加“接地气”，同时对媒体在食品安全信息传播过程中的不当行为进行规范和管理。

4. 相同因素引起的其他案例

（1）安徽阜阳的“大头婴儿”事件　2004 年安徽阜阳出现了著名的“大头婴儿”事件，据该市县级以上医疗机构核查统计，从 2003 年 5 月以来，因使用劣质奶粉出现营养不良综合征共 171 例，死亡 13 例，病死率 7.6%。婴儿发病和死亡的主因是劣质奶粉导致的营养不良，但是现在回过头看，有一个可能的致病因素在当时被忽略了，即这些劣质奶粉中含有阪崎肠杆菌。

阜阳劣质奶粉事件发生后，中国疾控中心营养与食品安全所刘秀梅等人对从阜阳市场采集的 87 份婴儿配方奶粉进行了阪崎肠杆菌的分离鉴定。研究者参照美国食品与药物管理局和加拿大卫生部健康产品和食品部推荐的方法，建立了食品中阪崎肠杆菌的分离鉴定方法，首次从中国劣质婴儿配方奶粉中分离到 11 株阪崎肠杆菌，其污染阳性率为 12.6%。

（2）荷兰婴儿配方奶粉阪崎肠杆菌污染事件　2018 年 3 月 19 日，欧盟食品饲料类快速预警系统通报，荷兰一婴儿配方奶粉生产企业在自检中发现使用了一批疑似受到阪崎肠杆菌污染的乳清粉，导致三个品牌、五个批次的婴儿配方奶粉存在阪崎肠杆菌污染风险，相关产品已出口到中国、法国、荷兰、沙特、瑞士、英国和越南等国家。企业已对相关批次产品实施召回或自愿销毁。

欧盟食品饲料类快速预警系统跟进信息显示，3 月 21 日荷兰当局进行抽样分析，3 月 22 日瑞士当局出炉调查结果并采取措施，同日荷兰再次提出“要求”措施，但该系统未对跟进措施进一步说明。3 月 22 日，国家质量监督检验检疫总局通报，对华出口的为 Lypack（注册号 NL Z0238 EC）生产的润贝婴儿配方奶粉（Rearing Baby），生产批号为 0000011087 和 0000011079 在口岸监管仓库存储，尚未进入流通领域，该事件尚未对我国消费者产生影响。

案例七　校园餐大肠杆菌感染事件

学习指导：本案例介绍了 2020 年 7 月发生在日本埼玉县的校园餐大肠杆菌感染事件。本案例以事件的时间为主轴，再现了事件的发生、发展过程，描述了危害因子——大肠杆菌的识别过程，讲述了事件发生和处置过程中企业、监管部门、媒体及消费者所做的工作。通过还原事件过程剖析事件发生背景和原因，明确食品安全事件性质，分析企业加强食品安全技术管理、监管部门提升食品安全管理的重要性。通过本案例教学使学生学会主动分析问题，了解大肠杆菌及其致病能力，掌握集体供餐时致病菌的控制方法、食源性致病菌的检测等相关知识。学会分析食品安全中的危害因子，制定和落实食品生产管控措施。

知识点：食品微生物污染，食品质量安全管理体系，风险交流

关键词：大肠杆菌，校园餐，微生物污染，食物中毒

一、案例正文

2020 年 7 月，日本埼玉县八潮市 15 所学校发生了校园餐大肠杆菌食物中毒事件，致使 3453 名师生发生食物中毒，无人员伤亡。埼玉县医护人员及当地疾控中心协同对致病源进行了调查，结果从感染师生的体内检测到了病原性大肠杆菌，确定了师生是由于食用了八潮市“东部供餐中心”配送的午餐从而导致食物中毒，由此当地卫生部

门认定此次事件为由集体配餐引起的食物中毒事件，对涉事供餐中心立即做出停业整顿的处分。并对具体致病食材进行进一步调查，同时指导该供餐中心进行消毒作业。这个事件说明，食源性致病菌危害大。集体供餐企业应严格遵守食品安全国家标准和集体用餐配送膳食卫生规范，落实管理制度，提升质量监测控制能力；政府应加强食品安全监管，在食品安全事件中起到积极作用，从而从源头将微生物引起的食品安全风险降到最低。

（一）事件的发生

日本埼玉县八潮市的校园餐大肠杆菌食物中毒事件自2020年7月发生后，医院、日本当地疾病控制中心、供餐企业迅速对事件展开了应对处理和感染源调查。在此，按时间顺序对此事件发生发展过程及产生的社会效应进行回放。

2020年6月26日，多名学生在食用了该市“东部供餐中心”配送的炸鸡、海藻沙拉等集体配送的食物后相继感到不适并去医院就诊。

6月29日，共有377名学生称身体不适未能到校上课，部分老师也出现了呕吐、腹痛、腹泻等症状。当日，当地卫生部门对该事件展开调查。

6月30日至7月2日，当地疾病控制中心从377名身体不适者体内检测到了致病性大肠杆菌，这些人都于6月26日食用了“东部供餐中心”集体配送的食物。

7月3日，在此次集体食物中毒事件中日本埼玉县八潮市共有15所学校的3453名师生感染该大肠杆菌。当地卫生部门认定此次事件为大肠杆菌引发的集体食物中毒事件，对涉事供餐中心做出停业3天整顿的处分，并对具体致病的食材进行进一步调查，同时指导该供餐中心进行消毒作业。

（二）事件后续处置

师生体内检测出病原性大肠杆菌是由于食用了日本埼玉县八潮市“东部供餐中心”提供的校园餐。日本埼玉县卫生部门要求其停业整顿。

2020年7月3日，日本埼玉县八潮市“东部供餐中心”进行停业整顿，并对配送的炸鸡、海藻沙拉等食物的原材料以及加工过程的关键环节进行了检查，同时按照卫生部门的要求对供餐中心进行了消毒作业。并承诺出具引起食物中毒可能环节的检测报告，直到满足卫生部门的要求才能正常营业。

参考文献

［1］ Ochoa TJ，Contreras CA. Enteropathogenic eacherichia coliinfection in children［J］. Curr Opin Infect Dis，2011，24（5）：478－483.

［2］ 熊海平，杨琳. 一起由肠致病性大肠杆菌引起的食物中毒检验报告［J］. 江苏预防医学，2008（1）：83.

[3] 李家印，田载理. 侵袭性大肠杆菌性食物中毒6例 [J]. 临床和实验医学杂志，2008，7（9）：1.

[4] 王世杰. 常见细菌性食物中毒快速检测试剂盒研制 [D]. 保定：河北农业大学，2006.

二、教学指导意见

（一）关键问题（教学目标）

通过本案例教学使学生学会主动学习，了解食源性致病菌的污染范围、危害及其致病机制，熟悉食源性致病菌的常用检测方法，掌握食品生产中食源性致病菌的控制方法。

（二）案例讨论的准备工作

1. 学生讨论内容的准备工作（食品安全相关知识，要求提前自主学习，独立完成作业）

（1）食品安全标准中微生物污染的种类和限量制定的科学依据。

（2）食源性疾病的类型。

（3）大肠杆菌的污染途径、危害、致病机制及易感人群。

（4）食源性致病菌对环境条件的耐受能力。

（5）流行病学调查方法的种类。

（6）食源性致病菌的常用检测方法。

（7）食物中毒的常用控制技术方法。

2. 学生讨论问题的准备工作（要求以小组的方式准备，但内容不限于以下选题）

（1）如何确定发生食物中毒的食品？

（2）该事件中大肠杆菌是如何使师生感染并引发中毒的？

（3）餐饮企业集体供餐时，如何控制微生物的污染？

（4）假如你是一名食品安全的管理人员，当类似于本案例事件发生时你如何开展工作？

（5）校园餐企业应如何建立系统全面的食品安全管理制度？

（6）企业在食品安全事件发生后应该如何应对？

（7）为什么校园餐的食品安全事件有较高的发生频次？

（8）配餐企业的食品安全管理制度与一般食品企业有何不同？

（三）案例分析要点

1. 首先要引导学生分析此事件是什么性质的食品安全问题

食品安全的危害因子包括物理性、化学性和生物性危害因子，生物性危害因子中包含细菌及其毒素、真菌及其毒素、病毒、寄生虫及虫卵。按照引起食物中毒的致病机制分，由细菌引起的食源性疾病可分为感染型、毒素型和混合型。层层剖析，引导学生理解食品安全危害因子的类型、食源性致病菌的致病机制、食源性疾病的类型。

2. 引导学生分析如何避免由微生物引起的食品安全事件

企业使用的杀菌技术方法有哪些，各自有何利弊？由微生物和化学物引起的食品安全事件的污染原因有何区别？应该如何制定食物原材料和配餐过程的管理制度和落实措施，以避免由微生物引起的食品安全问题？监管部门应如何科学、有效监管，还能够采取哪些风险管理方法？同时，随着集体配餐方式的增多，如何加强监管？消费者应该如何降低食品微生物安全风险？

3. 引导学生了解此事件中进行食品安全危害识别的研究方法

此次大肠杆菌感染事件中，研究者使用了微生物检测法进行了危害识别，微生物污染和化学污染的危害因子识别有何区别？

（四）教学组织方式（对在课堂上如何就这一特定案例进行组织引导提出建议）

1. 问题清单及提问顺序、资料发放顺序

课前提前先发放问题清单，布置作业。发放案例正文，学生进行仔细阅读；课堂上利用板书提示事件发展关键词，由学生补充事件详细内容，使学生理清事件发生的整个过程。

2. 课时分配（时间安排）

该案例教学时数建议3～6学时，事件回顾、问题发放和作业总结1～3学时，重点学习和巩固案例相关的基础知识，讨论和总结2～3学时。

3. 讨论方式（情景模拟、同类案例分析、讨论关键控制环节等）

根据案例内容，可以分组进行情景模拟，也可由小组设置事件处置措施推演事件的发展走向和得到不同的结果；可以采用小组讨论方式，对类似案例进行分享，分析与本案例的异同；板书或道具展示企业集体用配餐膳食的生产加工过程，小组讨论分析集体用餐配送膳食卫生规范和食品安全标准，利用小旗道具进行标识，组长总结发言。

4. 课堂讨论总结

由任课教师完成，主要总结本案例的核心关键问题，可借鉴的经验和教训，应加强的知识和现在环境下的解决方案要点。

（五）其他

1. 计算机及视听辅助手段支持

推荐案例相关的视频在课堂播放。

2. 建议的板书

记录课堂分析要点和讨论结果，给出提示词。

在板书中，将日本埼玉县大肠杆菌感染事件画一个发生发展过程图，从而系统分析大肠杆菌的污染、传播、致病、检测等。

3. 本案例启示

（1）加强配餐企业的食品安全管理　这个案例中的大肠杆菌仅是一个代表，随着社会的快速发展，人们生活节奏的不断加快，学生和员工集体用餐配送膳食已成为一种新的发展趋势，因此由于原材料及膳食生产过程的操作不当而引发的食品安全问题将会越来越多。近年来，随着中餐现代化，中央厨房等配餐企业如雨后春笋般快速增长。配餐产品与普通食品在原料管理、物流和保质期方面有明显不同，要保证配餐的食品安全，就要从全生产链抓起，尤其是降低微生物引起的安全问题。

（2）企业的食品安全管理制度和质量监测控制的重要性

①增强技术实力，落实管理制度是保障食品安全的关键：除了本案例外，近年来，食源性致病菌污染食物引起的细菌性食物中毒的事件还有多起，这一方面说明了集体供餐安全问题要持续关注和加强监管，另一方面也说明了相关食物产品在生产过程中还是有“漏洞”，使得致病微生物“有机可乘”。这个事件提示，政府企业相关部门应出台加强集中配餐和供餐的相关食品卫生安全操作规范以及相关国家标准。食源性微生物有可能存在于原料、加工机械、器具、包装材料等多个位点，因此要防止致病菌污染食物，应严格按照食品安全国家标准、集体用餐配送膳食卫生规范等，严格控制原材料及辅料的质量和加工供应过程，依法规按程序照标准组织生产，充分分析其食品安全特殊风险，找出食品加工过程中的关键控制环节，降低微生物污染的可能性。

②企业质量监测控制能力是企业保障食品安全的第二道防线：餐饮供餐企业在配餐过程中未发现污染情况，污染事件发生后，企业仍然不能查明和污染原因，这说明了食品生产企业在技术水平、分析检查能力、质量安全管理能力等方面的不足。集中供餐企业要不断加强卫生监管力度，强化从业人员食品安全知识培训，提升查明分析问题的能力，实施常态化监测，以容易引起集体性食源性疾病的风险因素为导向，每季度开展一次风险监测。重点加强食品原材料农兽药残留、生物毒素抽检监测和从业人员、食品加工用具、储存容器、餐饮具、加工环境、配送车辆的致病性微生物抽检监测。出现问题及时采取有效措施处理，控制事态进一步的发展和扩大化。

（3）落实安全隐患自查自纠，加强食品安全主体责任　各集体用餐配送单位应落实食品安全主体责任，建立完善食品安全自查制度。对照食品安全主体责任清单和各省市餐饮服务经营者食品安全自查指南要求，每月至少开展一次全项目食品安全问题自查自纠，及时消除风险安全隐患，并主动向属地监管部门上报自查报告。

企业应遴选有资质的第三方评估机构，开展全方位的安全隐患排查与评估。重点排查企业食品安全管理制度、设施布局、食品采购与加工过程控制、清洗消毒、留样管理、食品配送以及检验过程中的安全隐患，并提供食品安全延伸培训，加强技术指导，落实问题整改和复查措施并出具验收报告。

4. 与本案例相似的其他案例

（1）辽宁省大连市食物中毒事件　2000 年 7 月，辽宁省大连市某酒店发生了一起细菌性食物中毒事件。7 月 10 日，30 人在该酒店集体用餐，餐后 3 小时有 1 人发生呕吐，继而腹痛腹泻。12 小时共有 16 人出现类似的急性胃肠炎症状，发病率 53.33%。其中男性 9 例，女性 7 例。年龄最大 46 岁，最小 7 岁。进食“椒盐鱿鱼”最多者症状最重，未进食者不发病。据该市卫生防疫站经流行病学调查、临床表现、实验室检查，确定为致病性大肠杆菌所致。

该食物中毒事件发生后，大连市卫生防疫站按 GB 4789.6—1994《食品卫生微生物学检验　致泻大肠埃希氏菌检验》（该标准已被 GB 4789.6—2016《食品安全国家标准　食品微生物学检验　致泻大肠埃希氏菌检验》代替）及有关方法对采集留样样品 10 份，患者肛拭子 5 份，呕吐物 1 份，患者双份血清（急性期和恢复期）3 份进行病原菌分离与鉴定。根据流行病学调查，临床表现及实验室检查，证明本次食物中毒为致病性大肠杆菌所致。

（2）韩国安山市幼儿园食物中毒事件　2020 年 6 月经韩媒报道，韩国京畿道安山市一家幼儿园近日发生大规模食物中毒事件，出现腹痛、呕吐、腹泻等食物中毒症状的孩子、家人和老师共 111 人，部分学生还出现了溶血性尿毒综合征症状。

6 月 26 日，韩国疾病管理本部公布，202 名幼儿园学生及从业人员中，102 人确定食物中毒；幼儿园学生和从业人员、家庭接触者中共有 57 人被确诊为肠出血性大肠杆菌感染患者。后经韩国媒体获取的食谱表发现，一道牛肉小菜是导致食物中毒的“罪魁祸首”，肠出血性大肠杆菌可以通过未完全烹熟的牛肉进行传染。

（3）河南省封丘县食物中毒事件　2021 年 11 月经媒体报道，河南省封丘县赵岗镇戚城中学 30 余名学生食用了学校提供的营养午餐之后，出现集体呕吐、腹泻等急性肠胃炎症状。

11 月 26 日，封丘县官方回应，对于上述情况，县委、县政府高度重视，第一时间召开专题会议，并迅速成立了联合调查组，要求县纪委、公安局、卫健委、教体局、市场监管局等多部门连夜开展调查工作；

11 月 27 日，河南省封丘县官方通报，初步判定是一起食源性疾病事件，同时对 4 名相关负责人进行立案审查调查；

11 月 30 日上午，涉事送餐公司负责人吕某、李某因涉嫌生产、销售不符合安全标准食品罪被刑事拘留。

案例八　沙门氏菌系列污染事件

学习指导：本案例介绍了2017年8月发生在法国的奶粉致婴儿感染沙门氏菌事件、2019年8月成都市郫都区家庭进餐引起沙门氏菌食物中毒以及2019年10月南昌卡拉多网红食品沙门氏菌污染三起集体食物中毒事件。以时间为主轴，再现了事件的发生、发展过程，讲述了事件发生和处置过程中企业、各级政府部门、媒体及消费者所做的工作。通过还原事件过程剖析事件发生背景和原因，明确事件的主体责任，揭示生产企业的食品安全技术管理和食品安全社会管理责任的内涵与外延的统一性问题。通过本案例教学使学生学会主动学习，掌握食品安全管理体系等相关知识，学会分析食品制造过程中的危害因子，制定和落实管控措施，掌握食品安全应急管理的方法。

知识点：食品污染，致病微生物，食品质量安全管理体系

关键词：沙门氏菌，毒奶粉，网红食品，家庭进餐

一、案例正文

沙门氏菌是一种常见的食源性致病菌，由于其不分解蛋白质，受污染的食品通常没有明显的感官性状的变化，因而其危害性更大。兰特黎斯集团是全球第一大的乳品集团，业务遍布全球，在50多个国家共有250家工厂，员工遍布84个国家，2019年的销售额高达185亿欧元，可谓是当之无愧的乳业巨头。但是，就是这样一个有重要行业影响力的著名乳品企业，由于食品安全管理不到位，下属克朗工厂所生产的产品受到沙门氏菌的污染，导致35名平均年龄4个月的婴儿感染沙门氏菌，从而使兰特黎斯集团乃至整个法国乳品行业遭遇前所未有的危机，敲响了法国食品安全监管的警钟。无独有偶，南昌卡拉多网红食品由于生料混入熟料导致沙门氏菌中毒事件，再次引起了我们对沙门氏菌的重视。然而此类事件不仅存在于工厂中，还存在于家庭饮食中，成都市郫都区家庭进餐引起的一家人食物中毒事件，让我们知道沙门氏菌离我们有多近。受沙门氏菌污染引起的食物中毒事件层出不穷，说明食品安全的管理不仅仅限于是否拥有先进的食品生产设备或安全检测技术，更重要的是生产者和管理者对食品安全问题的态度、责任意识、社会动员、沟通协作、危害影响控制能力等多方面，更警醒我们日常生活要以更加严谨的态度对待食品安全。

（一）法国乳业巨头兰特黎斯沙门氏菌污染事件

1. 事件的发生

法国乳业巨头兰特黎斯沙门氏菌污染事件从2017年8月发生，随后经历调查、处理，直至2018年4月结束，历经近10个月，在此，按时间顺序对此事件的发展过程及影响进行再现。

2017年8月中旬至12月，法国确诊35名平均年龄4个月的婴儿感染沙门氏菌。调查证实，这些婴儿在出现症状之前，曾食用过兰特黎斯集团（Ranteris Group）位于法国西北部的一家工厂生产的食品。

2017年12月1日，兰特黎斯集团发布警告称，其位于Mayenne省克朗（Craon）的工厂生产和包装的部分婴幼儿奶粉和食品可能受到沙门氏菌污染，该批次产品总量可能超过7000吨。

12月2日，法国卫生部发布公告称，由于疑似沙门氏菌感染，有关部门紧急召回法国乳品巨头兰特黎斯集团生产的12批不同品牌的婴幼儿奶粉。

12月5日，中国国家认证认可监督管理委员会发布公告，暂停兰特黎斯（中国）在中国的注册资格。国家质量监督检验检疫总局已向国内消费者发出紧急消费提醒，提醒消费者通过海外直邮购买的，不得食用上述品牌相应批次的产品。

12月8日，涉事工厂进行停运，进行杀菌和清洁工作。

随后，事件愈演愈烈。12月10日，法国政府宣布，决定暂停兰特黎斯集团生产的奶粉等600多批婴儿食品的销售和出口，并召回已售出的产品。

12月11日晚，兰特黎斯确认有40多批问题奶粉流入中国市场，最多涉及6560箱。它涉及到三个品牌：西丽雅、慈多丽、妈咪爱。

12月13日，国家质量监督检验检疫总局对法国兰特黎斯集团召回的3个奶粉品牌发出消费提醒，称目前已有32批一般贸易进口产品完成检验检疫手续，海关检查未检出沙门氏菌，检验检疫机构已督促进口商召回产品。然而，作为一项预防措施，进口商被敦促召回属于法国召回范围的产品。

12月21日，兰特黎斯宣布了更广泛的召回计划，召回范围是上述工厂2016年2月15日以来生产的婴幼儿奶粉。根据兰特黎斯（中国）发布的召回声明，召回的产品不会在中国市场销售。

2018年1月14日，法国乳业巨头兰特黎斯集团负责人首次对该集团生产的奶粉等婴儿食品中的沙门氏菌感染做出公开回应，下令召回所有在受污染工厂生产的婴幼儿奶粉，不再受生产日期和批号限制，并承诺将会对受损害家庭进行补偿。但消费者群体对此并不领情，政界人物也继续对此事表态，敦促政府和企业采取更有力措施。

2. 事件原因调查

巴斯德研究所在2018年2月1日表示，早在2006年和2016年，至少还有25人感染了同一菌株，这意味着污染问题可能在暴露之前就已经存在，但从未被检测到。研究人员认为，鉴于目前的信息，科学上最有可能的假设是，相关细菌自2005年以来一直潜伏在同一家工厂，从未被清除。

兰特黎斯集团总裁贝斯涅对法国媒体透露，法国在2005年和2017年曾发生两起沙门氏菌污染奶粉事故，这两次事故的致病因素是相同的Agona型沙门氏菌，而且源头可能都是克朗工厂的一号干燥塔。

此外，在2017年8月和11月，工厂环境中发现有沙门氏菌，集团随之进行了清洁，直到卫生达标后才恢复生产。但根据法律规定，只有在产品本身直接遭受污染时，才必须向政府部门报告，所以法国相关部门并不知情。兰特黎斯集团否认蓄意知情不报，表示直到2017年12月初危机爆发，兰特黎斯集团都对产品受污染一事不知情。但兰特黎斯集团承认在品控环节上还有很大改善余地，并表示将向政府提交一份整改行动报告。

2018年4月20日，据法国《欧洲时报》报道，法国乳制品巨头兰特黎斯集团2017年底爆出毒奶粉丑闻以来，后续调查工作仍在进行中。近日，遭污染工厂所在地区的法国政府官员表示，在2005年到2017年间相关监管机构的产品采样中，并未针对沙门氏菌进行检查。

3. 事件后续处置

2017年12月底，巴黎地方检察机关的公共卫生组针对毒奶粉事件发起调查，罪名可能涉嫌“非故意伤害”和“置他人生命于危险之下”。

2018年1月14日，兰特黎斯集团总裁打破沉默，表示将会对受损害家庭进行补偿。但消费者群体对此并不领情，政界人物也继续对此事表态，敦促政府和企业采取更有力措施。

2018年1月中旬，法国经济部着手对2500个奶粉销售点进行排查，法国农业部对百余个婴幼儿奶粉生产工厂发起了专项检测，并要求企业和检测机构及时上报感染风险。

据英国广播公司（BBC）2月1日报道，这家法国乳品集团承认其部分产品可能已经被污染超过10年。去年沙门氏菌感染病例出现后，该集团已经在全球范围内召回了数百万箱奶粉，涉及运往中国内地的批次就多达37批。

兰特黎斯集团被爆奶粉污染，这涉及已经卖到全世界八十多个国家、数亿罐的产品都存在着巨大的食用风险，可能会给婴儿造成感染。

法国政府在2017年12月2日、12月10日和12月21日三次下令召回相关产品后，有家长于2018年1月初仍在大型超市中买到了疑似受污染的奶粉。虽然法国农业部和经济部承诺将加强监管，确保召回所有可能出现问题的奶粉，但事件已引发了受害者家庭的信任危机。

2018年1月12日，法国经济部长勒梅尔于宣布，由兰特黎斯集团受病菌污染工厂生产的所有婴儿食品不受生产日期限制，全部召回。

2018年9月18日，中国采取多项检查，包括地点、实施程序和合作单位工作流程，确保此前兰特黎斯集团做出的承诺都能落实到位后，政府允许乳业巨头兰特黎斯集团涉事工厂生产的奶粉重新进行销售。

（二）四川成都郫都区家庭进餐引起沙门氏菌食物中毒事件

1. 事件的发生

2019 年 8 月 9 日，尹某（69 岁）及其妻子张某（61 岁）、孙子小尹（15 岁）3 人在家中共同进餐后陆续出现头痛、腹泻等症状。首发病例尹某于 8 月 9 日 20：00 时开始出现头痛、呕吐、腹泻等症状，末例病例小尹于 8 月 10 日 18：00 时开始出现头痛、腹泻等症状。

2. 事件原因调查

经样品采集及实验室检测，在患者小尹肛拭子中检出沙门氏菌，菜板涂抹样经 PCR 检测出沙门氏菌核酸阳性。依据《食品安全事故流行病学调查技术指南（2012 年版）》，推断暴露餐次是 8 月 9 日午餐。由此计算首发病例潜伏期 8 小时，末例病例潜伏期 30 小时，平均潜伏期 22 小时。

家庭食品安全操作行为调查。通过随机抽样选择郫都区 7 个居民小区 300 户居民进行问卷调查家中餐食制作情况发现，家庭食品制备者对食品安全操作知识知晓率较低，仅有 18% 的家庭使用不同的菜刀和菜板分别切生食和熟食，另外 8% 的人选择使用纸巾擦拭切菜板，39% 使用非常热的水冲洗切菜板、翻转切菜板，35% 使用切菜板的另一面、使用洗洁精洗涤切菜板并冲洗。

3. 事件后续处置

8 月 10 日，因病情加重，尹某及张某到郫都区人民医院入院治疗。

8 月 11 日，尹某因脱水休克，加上自身患有高血压、糖尿病等慢性疾病使病情加重，转入 ICU 进行治疗。小尹因病情较轻，在郫都区人民医院入院治疗。张某和小尹 8 月 15 日痊愈出院。

8 月 13 日，尹某因感染性休克转入上级医院治疗，经 ICU 治疗 5 日后苏醒，于 1 个月后康复出院。

（三）江西南昌卡拉多网红食品沙门氏菌污染事件

1. 事件的发生

2019 年 10 月 26 日，南昌市市场监督管理局接青山湖区市场监督管理局报告，南大设计院第一设计所发生疑似食物中毒。南昌市委市政府高度重视，立即启动了应急预案，在江西省有关部门的指导下，南昌市各级相关部门立即组织开展了医疗救治、流行病学调查、原因调查、监督检查和风险排查等工作，初步推断疑似食用卡拉多“爆浆松松”和“流心泡芙”所致。

10 月 26 日，南昌相关部门迅速启动食品安全Ⅲ级应急响应，全力做好医疗救治、调查处置等各项工作，责令江西卡拉多食品有限公司停止生产销售涉事品种，停止冷加工类品种制售，下架可疑食品。对全市 65 家门店开展排查，责令关停 6 家涉事门店。

10 月 27 日 14 时，南昌市多家医院共接受疑似食物中毒 50 例，10 例患者留院观察，其余患者均离院回家，无危重病例和死亡病例。

10 月 27 日 16 时，卡拉多官方微博对于该事件进行声明，并在第一时间成立特别工作领导小组，积极配合市场监督管理等部门调查及风险隐患排查工作，并采取相关措施。并郑重承诺会进一步严格加强产品质量，确保将优质安全食品回馈社会。

2. 事件原因调查

南昌市市场监管部门目前已对涉事产品进行了抽样送检，对江西卡拉多食品有限公司相关产品的原料、生产加工过程和运输情况进行调查，对卡拉多门店进行风险隐患排查，责令卡拉多南大店停止营业，责令卡拉多门店下架疑似导致食物中毒的食品。

南昌市市场监督管理局通报称，截至 11 月 1 日 16 时，疾控机构对 596 名相关人员开展了流行病学调查，在采集的 50 份病例标本中，有 43 份检出肠炎沙门氏菌。主要原因系该两款产品的馅料生产过程中，工作人员未按规程操作，导致生料混入熟料，造成馅料被肠炎沙门氏菌污染。

3. 事件后续处置

11 月 2 日，南昌市市场监督管理局发布关于“卡拉多食物中毒事件”调查处置情况通报。江西卡拉多食品有限公司未落实食品安全主体责任，涉嫌生产、销售不符合安全标准的食品罪，案件已经移送公安机关。

11 月 6 日，南昌卡拉多官方微信发布公告，针对“卡拉多食物中毒事件”向消费者表示歉意，并发布具体赔付流程及方案。

参考文献

［1］郭铁．被沙门氏菌污染的洋奶粉［J］．农村．农业．农民（B 版），2018，1：25 - 26.

［2］王鑫．洋奶粉的尴尬 下架奶粉仍在销售［J］．乳品与人类，2018，1：42 - 45.

［3］梅丽敏，余林，袁敏．成都市郫都区一起家庭进餐引起沙门氏菌食物中毒事件的调查分析［J］．食品安全导刊，2020，23（14）：36 - 37.

［4］卢越．网红食品问题多［J］．食品界，2020，1：48 - 49.

二、教学指导意见

（一）关键问题（教学目标）

通过对沙门氏菌系列污染事件案例教学，启发学生主动思考，了解沙门氏菌病原学特点、污染渠道、危害以及预防手段，掌握食品安全与卫生、食品安全管理体系等关键知识，能够识别鉴定食品加工过程中的生物危害，制定相应的管控措施，并熟悉食品安全应急管理的方法。

（二）案例讨论的准备工作

1. 学生讨论内容的准备工作（食品安全相关知识，要求提前自主学习，独立完成作业）

（1）国家食品安全标准中的微生物污染的相关规定。

（2）食品安全标准中微生物污染的种类和限量制定的科学依据。

（3）沙门氏菌的特征、污染途径、危害及快速检测方法。

（4）食品中不同环境条件对沙门氏菌形成的影响。

（5）以文中材料为背景，探讨如何建立 HACCP 体系认证。

（6）食品分析样本的采样原则及实施要求。

（7）我国《食品安全法》关于食品安全主体责任的规定。

（8）我国食品安全应急管理制度。

（9）法国食品安全管理体系与我国食品安全管理体系的区别。

2. 学生讨论问题的准备工作（要求以小组的方式准备，但内容不限于以下选题）

（1）事件是以什么形式发生的，最主要的原因是什么？

（2）从整个事件来看，企业应该具备什么样的食品安全管理制度，以及在事件发生后企业与政府应该采取怎样的措施？

（3）在整个事件中，企业是如何作为的？谁应负主体责任？相应的法律法规应该完善的问题有哪些？

（4）从这三个事件中，你怎么看食品安全？并且为预防、控制此类公共卫生事件提出相应的依据。

（5）假如你是该企业的责任人，当事件发生时你如何应对？

（6）在日常生活中，有哪些不经意的行为可能使食品受到沙门氏菌污染？

（7）事件原因的调查一般采取怎样的流程？所采取的检测方法有哪些？

（三）案例分析要点

1. 首先要引导学生分析此事件是什么性质的食品安全问题

食品安全问题本身被分为物理性、化学性、生物性污染和非法添加等几大类。但从法律角度就要确定发生安全事件的责任问题，因此要引导学生学习相关法律，分析事件的起因，明确事件的性质，确定事件的主体责任和相关的法律责任。

2. 其次引导学生认识该类食品安全问题产生恶劣影响的规律及启示

造成该事件的是由于食品受到了沙门氏菌的污染，类似的事件也经常发生。因此要引导学生分析其传播规律，根据案例相关的知识点提出解决问题的不同方案，并评价这些方案的科学性，以及在经济利益、社会影响等方面的利弊得失。或从企业方、政府等不同角度制定出应急反应或快速控制危害传播的方法。

3. 案例调查过程中采用的方法分析

该案例中的问题原因分析体现了哪些科学思想，哪些方法存在一定的局限性，如果重新调查，应采用哪些方法，如何进行调查研究。

4. 管理制度的制定和有效实施

以此案例为警示，引导学生如何制定企业生产原料和加工过程的管理制度和落实措施，加工企业在原料审查时除化验单和一般性检查外，是否应增加原料加工过程的可追溯制度，并从中获得安全信息。引导学生思考如何加大食品安全知识的宣传。

（四）教学组织方式（对在课堂上如何就这一特定案例进行组织引导提出建议）

1. 问题清单及提问顺序、资料发放顺序

先发放问题清单，布置作业。发放案例正文，仔细阅读后，随机顺序提问，使学生理清事件发生的整个过程。

2. 课时分配（时间安排）

该案例教学时数建议3~6学时，事件回顾、问题发放和作业总结1~3学时，讨论和总结2~3学时。

3. 讨论方式（情景模拟、小组式等）

根据案例内容，可以分组进行情景模拟，也可自己设置事件处置措施推演事件的发展走向和得到不同的结果；也可以采用小组讨论方式，设置正方反方进行辩论，组长总结发言。

4. 课堂讨论总结

由任课教师完成，主要总结本案例的核心关键问题，可借鉴的经验和教训，应加强的知识和现在环境下的解决方案要点。

（五）其他

1. 计算机及视听辅助手段支持

推荐案例相关的视频在课堂播放。

2. 建议的板书

记录课堂分析要点和讨论结果，给出提示词。

3. 本案例启示

（1）事件发现方法

①重视消费者投诉的重要性：法国毒奶粉事件以及南昌卡拉多食品中毒事件的发现不是企业自我检测出厂产品而发现的，而是消费者在食用该公司的食品出现不适症状进行投诉后发现的。从事件过程看，消费者的投诉并没有引起企业对产品安全问题的警觉和重视，而是在当地政府主管部门的催促下才开展应对，企业略显被动。目前，我国的食品企业基本设置了投诉管理部门或岗位，这些事件提示，这个岗位不但要解决消费者对产品或服务的不满，维护品牌形象，而且还必须要对投诉高度警觉和重视，从中发现安全问题的隐患或线索，主动出击，主动作为，提高安全事件应急管理积极性和主动性，把安全问题消灭在萌芽状态，防止安全事件的扩大。

②严格管理食品生产的各个环节：在2017年发生法国沙门氏菌污染的奶粉事件之前就在工厂环境中发现有沙门氏菌，然而食品企业的相关负责人却没有引起足够的重视，其次，南昌卡拉多食品中毒事件发现是生料混入了熟料中，作为食品生产者，应该设置生熟分离，严格管理食品生产的各个环节。关于事件发生原因的追查是从终端产品配料向供应链前端开始的，通过对原料供应商的生产记录、检测记录和样品留样的检查发现了根本原因。该事件提醒食品企业的食品质量和安全管理人员要严格掌握食品现场管理要求，包括采样、留样、检测方法和结果判断及产品出库管理的内容。

（2）企业的食品安全管理制度

①落实管理制度是保障食品安全的关键：兰特黎斯集团是知名品牌公司，在生产技术和管理制度化水平上处于领先水平，如果能够加强对食品安全相关指标的检测，完善食品检测技术以及加强管理制度，就不会酿成大祸。食品企业要加强对食品生产的各个环节，包括从原料、加工到检测出厂的各个环节都要严格管理。制定完整的食品安全管理制度，并且严格执行，同时发挥食品安全危害分析和风险评估专家队伍的作用，对食品安全状况定期进行综合风险评估，力争做到食品安全问题早发现、早预防、早解决。

②增强安全知识宣传教育：控制微生物污染是保障食品品质和安全的核心内容。因此，在国家食品安全标准中对各类食品都规定了微生物的种类和限量。为此，要控制食品加工过程条件并采用相应的措施控制微生物的污染水平，使其在安全线以内。本案例中，法国毒奶粉事件其检测指标中根本没有包含沙门氏菌这一项，正是缺乏这一指标，埋下了事件的祸根。另一方面，作为终端产品的制造方不可因为是同一公司提供原料或有免检等待遇而放松对原料安全的把控。这个案件提示，安全管理者不但要审核上游供货商提供的原料安全指标，还要加强原料生产过程的审核，从中发现可能存在的安全隐患。

此外，南昌卡拉多事件中生料和熟料没有分离，也体现了食品生产者缺乏食品安全常识。近年来，网红食品在互联网时代得以盛行，在这种模式之下，能不能在互联网上吸引到更多的人关注是最重要的品牌评价标准，为了将更多资金与人手投入营销，部分“网红餐饮”在食品质量安全方面的把控力度可能就会减弱。

另外，在家庭进餐引起食物中毒事件中更是暴露出普通居民在日常生活中食品安全意识的缺乏。因此，该事件提示我们要加大对公众食品安全知识的宣传力度，加强食品安全知识教育。家庭中食品的安全操作受到家庭食品制备者对食品安全的认知、态度、获得安全操作知识的意愿、人均月收入、性别、年龄、学历、有无医学背景等因素影响。相关部门可以通过“进学校”的形式对中小学生进行食品安全宣传教育，利用学生向家人传播正确的食品操作规范。

（3）主动作为，防止危害扩散　食品安全事件大多是隐患被忽略和麻痹大意所造成的。但是当危机出现之后，如何对待和处理好突发性食品安全事件是当事者控制事件危害能力和主动作为能力成熟的标志。法国毒奶粉和南昌卡拉多事件发生后，管理者都积极配合调查，努力给公众一个交代，这正是一个当事者在事件发生后要主动出击，积极作为，控制事件发展成公共事件，将安全风险降到最低的最好办法。因此，该事件提示，在食品安全危机管理上必须主动作为，承担主体责任，果断采取措施控制危害扩散，将安全问题的影响降到最小。

（4）要建立健全相关法律法规　有关食品生产、加工、流通的安全质量标准、安全质量检测标准以及相关法律、法规、规范性文件构成的有机体系称为食品安全法律体系。我国食品安全法律体系的核心内容是《食品安全法》。我国在法律建设方面取得了很大的成绩，但是和国际标准相比还存在差距，法律制度亟须进一步完善。其次，食品安全风险监测评估制度尚有待完善。一些“问题”食品，只能告诉老百姓如何识别假冒伪劣，这等于把控制假冒伪劣的风险转嫁给老百姓承担，而老百姓并不是具有公权力的执法人员，对于这些危害应如何识别、如何防范都没有明确判断。另外，食品召回制度实施中存在困难。我国食品安全标准缺失或脱节，会导致问题产品或存在安全隐患的产品难以实施召回，而在食品销售、采购和流通等环节重要信息不全，也会导致不少企业对于问题产品难以实施“召回”。在本案例中，法国毒奶粉事件发生有一部分原因是政府对类似违规事件的惩罚过轻，无法形成威慑。这提示我们，要加强监督企业严格执行危害分析和关键控制点体系以及粉状婴幼儿配方食品良好生产规范，保证上市产品质量。此外，还应加强对网店尤其是跨境电商的管理及婴幼儿配方奶粉等产品流通渠道的监管。

该事件除了给予我们上述启示外，我们还可以就案例发生的原因、调查过程中采用的科学方法、对调查结果的分析与判定等，结合已学习过的食品安全知识进行讨论，看是否有超出我们已学过的知识范畴的新知识，学会总结出新问题、新概念和新知识。另外，继续追踪该案件发生时各方反应与应对结果对事后行业、企业和食品安全公共管理等社会和科学产生的深远影响。反思我国同类行业是否存在相似背景和风险隐患，展望是否有新的技术或方法可应用于该类安全风险的控制。

除以上启示外，可以进一步思考和讨论以下问题：

①该案例在处理过程中，有哪些是值得我国相关部门借鉴的，又有哪些失误（如

果有）是可以避免的？

②案件的调查过程有哪些是我们可以学习、借鉴的，其中的科学性有哪些？

③通过本案例的分析，请回顾在食品安全管理过程中，哪些是应该加强的？请提出应该加强的具体措施。

④通过本案例学习，您对我国食品企业有哪些建议？

⑤通过学习，您对于在家庭进餐中避免食物中毒有什么建议？

第三章

化学类食品安全案例

案例九 饮水砷化物导致黑脚病事件

学习指导： 本案例介绍了20世纪初中国台湾出现的饮水砷化物导致黑脚病的事件。交代了事情的发生、发展及控制过程。并对事件进行回溯，对黑脚病的病因、防治措施和当时事件对社会所产生的影响进行阐述。使食品安全专业学生了解砷中毒以及其他重金属的危害，解读和学会应对由于饮用水中砷过量造成的砷中毒等类似问题。

知识点： 食品安全，食品溯源，砷自然本底高

关键词： 慢性砷中毒，黑脚病，饮水砷化物的去除

一、案例正文

砷是地壳中的一种天然元素，元素砷几乎无毒。但环境中的砷常以化合物形式存在，多为三价或五价的砷酸盐，且大多可溶于水，如亚砷酸钠、砷酸钠、三氧化二砷（俗称砒霜）等。不同价态的砷化物毒性也不同，其中三价砷的毒性最大。可见，砷的毒性取决于它的存在形式和价态。

砷属于非金属元素，能以酸根的形式在氧化或还原条件下迁移，在环境中极活泼，可以随雨水等流至水源中，使得水源砷含量升高。中国以地下水为水源用于饮用水的地区砷含量过高的案例较多。迄今为止，中国已发现13个饮水型慢性砷中毒的病区，如台湾、新疆、内蒙古、宁夏、青海等。世界各国为了防治饮水型慢性砷中毒制定了0.05mg/L的饮用水砷限值标准。我国最新的GB 5749—2022《生活饮用水卫生标准》中砷的最大限值为0.01mg/L。

砷化物可经人体呼吸道、消化道、皮肤吸收。大量流行病学研究表明，砷可导致多种癌症（如皮肤癌、膀胱癌、肺癌等），已被世界癌症组织列为致癌物。黑脚病是由于部分地下水层砷的自然本底高，居民长期饮入、食入或吸入过量砷而引起的全身性慢性中毒，属于特定地理环境造成的地方病，机体患病主要症状为皮肤色素沉着、脱色、角化及癌变等。该病潜伏期较长，一般为十年左右，发病急、病情重；发病对象不分性别、年龄，但常见为五十岁左右的中年患者。病情的轻重与饮用过量含砷水的年限、砷浓度呈一定比例关系。

（一）事件的发生

黑脚病进入高发阶段后，中国台湾地区管理部门迅速对病因展开调查，并安抚病

区民众积极进行治疗。以下按时间顺序对此案例进行回顾。

20 世纪初，台湾的台南县、嘉义县、高雄县等地出现了一种末梢血管阻塞疾病。主要临床表现为初期下肢发冷、外周血管无跳动，面色苍白；中期血供减少、脚趾疼痛明显，间歇性跛行；后期脚趾皮肤发黑、坏死、自行脱落或不得不手术切除。由于该病导致患者脚趾发黑，故被当地人称作黑脚病。

20 世纪 50 年代末，由于患病人员不断增加，该病引起了人们的注意。

1960—1970 年该病进入高发阶段。管理部门在当地设立专门的医院收治病人。大量学者在当地进行调查研究，最终判定此病是当地居民长期饮用高砷井水所致。

20 世纪 60 年代初，管理部门在黑脚病流行区实施了自来水供应系统。

20 世纪 70 年代中期以后，该地区病情逐渐得到控制。

（二）事件原因调查

1977—1979 年有学者研究发现病区人群有一共同特征就是长期饮用高砷井水。经过调查，在中国台湾地区老流行病区（如嘉义县）的 83656 眼井水，有 15649 眼井的含砷量超过 50 μg/L，2224 眼井含砷量超过 350 μg/L。居民们饮用砷过量的井水后砷化物经机体肠道吸收，通过血液循环遍布全身并蓄积于体内，当机体超负荷承载砷时，砷会对机体产生毒害作用导致慢性砷中毒，并出现不同程度的中毒症状。调查的流行病区（如台南市）面积 200 ~ 300km^2，240 万人口中患病率为 0.96%，皮肤色素沉着率为 18.35%，角质化率为 7.1%。由于地理环境、气候、地质构造等因素，病区的井水砷含量中值为 0.70 ~ 0.93mg/L，比台湾其他地区的浅水井高 20 倍左右。Tseng 收集了 1600 多份病例，跟踪调查病人 30 余年。据他的早期分析，病区居民不同年龄组中存在着深水井砷含量与黑脚病流行之间的剂量反应关系。在井水砷含量小于 0.3mg/L、0.03 ~ 0.59mg/L 和大于 0.60mg/L 的村庄，当地 20 ~ 39 岁居民黑脚病的发病率分别是 0.5%、1.3% 和 1.4%，40 ~ 59 岁居民分别 1.1%、3.2% 和 4.7%，60 岁以上居民分别为 2.0%、3.2% 和 6.1%。表明黑脚病发病率增加与井水砷含量成正比。井水砷含量越高（尤其大于 0.60mg/L）的村庄居民发病率越高；年龄越大的居民饮用高砷井水时间越久，发病率也随之升高。

当黑脚病流行区开始实施自来水供应，终止饮用高砷水后，体内蓄积的过量砷会逐渐排出体外，对机体产生的毒害作用也随之减轻或消失，受损害的器官组织也逐渐修复，中毒症状、体征也随之逐渐消失。20 世纪 70 年代中期以后，该地区病情逐渐得到控制。

（三）事件后续处置

1. 行政方面

此事发生后，饮用水中砷的卫生标准日趋严格。饮水卫生标准中将砷限量修订为 0.01mg/L。中国台湾管理部门设立专门的医院为黑脚病患者进行救治。在此期间医院采取过多种措施治疗黑脚病，但疗效甚微。直至全面开展居民饮用水检测工作，并采取一系列措施控制饮用水中的砷含量，使得饮用水中的砷含量降低到限量标准以下。如精准识别病区范围，对流行病区实施全面改水工程，设立自来水供应系统；引江河、湖泊、泉水等低砷水作为水源，或打建新的低砷水井；对于居住分散或条件较差的居民，实施搬迁或改引同村居民的低砷水井；派遣专业人员根据每个家庭的不同水质设计家庭用除砷装置等。改水过后，当地政府委派相关技术人员定期对当地饮用水进行检测，掌握水质的基本情况和变化趋势。加强了对新污染物的研究和标准制定，将对人体健康产生威胁的新指标列入饮水标准中，使每个居民都能够安心饮用健康水。

2. 企业方面

许多水处理企业意识到了问题的严重性。严格遵守饮用水新标准的规定，研究更符合标准的饮用水砷处理工艺。各企业根据当地饮用水源水质与经济情况进行综合设计，提高水处理的针对性，开展风险效益分析，为居民选择一种经济效益更高、除砷效果更好的方法对饮用水进行除砷处理，开发出性价比较高的除砷处理工艺，使得经济欠发达地区也能够普及健康饮用水。

企业主要采取理化处理的方法降低饮用水的砷含量。可将其归纳为混凝、膜滤、离子交换、吸附。常用的混凝剂有铝盐、铁盐，如硫酸铝、碱式氯化铝、硫酸亚铁、氯化铁等，其中铁盐的除砷效果最好。此外还有硅酸盐、碳酸钙等。水处理中膜处理工艺共有四种：纳滤、超滤、微滤和反渗透。此方法需用电能、成本较高，对五价砷去除效果稳定，三价砷去除效果较弱。离子交换树脂常用于检测时分离水样中五价砷和三价砷的预处理。

3. 个人方面

1968 年，台湾地区黑脚病患者高达 15 万人，患者在患病中后期处于非常痛苦的状态，精神和身体受到双重折磨。对此，全社会积极开展救治，患者积极配合医生治疗，克服心理障碍，尽快走出患病痛苦带来的心理阴影。同时从每个居民做起，学习健康饮水相关的科学知识，培养健康饮水的意识，使更多人了解饮水型砷中毒。时刻关注饮水安全问题，避免黑脚病等类似悲剧再次上演。

4. 饮水安全管理体系的建立

主要对饮用水供应链的每个环节建立饮水安全管理体系，如制定标准，对企业管理、自来水供应厂、个人防护等进行全面的调查和记录。利用记录得到的信息进行分析评估，确保水质状况良好、指标合格。

①低饮用水中砷的最大允许限量值：黑脚病事件发生后，根据调查结果得知该病根本原因在于居民饮用的地下井水砷含量超标，以此为戒，中国大陆降低了饮用水中砷的限量标准，由原先的 0.05mg/L 降为 0.01mg/L。同时加强对农业和工业的监管，减少砷类农药的使用及“三废”的排放。

②建立完善的水处理体系：从根源解决问题，有效预防黑脚病事件的再次发生。各地区管理部门加大了科研和资金的投入，把完善水处理体系的工作放在重要位置，尽早提上日程，与相关企业达成协议，负责项目建成前后的水质监测。

③居民需加强自我防护意识：饮水安全管理体系除了需要政府部门、各企业的管理配合之外，还需要居民共同努力。居民自身必须有饮水安全意识，多了解、学习饮水安全相关知识及真实案例。平日里做好防范措施，家中应具备简单水质净化设备；注重自身健康指标，定期进行身体健康检查，做到早防备、早发现、早治疗。

饮水安全管理体系的建立对饮水安全事件的管理、预防具有重要意义。不仅能对水资源进行实时的跟踪监测，还能有效地预防黑脚病等类似事件再次发生，或在发生时能够快速有效地进行处理，定能消除黑脚病事件在人们心中留下的阴影，为消费者提供一个安全、健康的饮用水条件。

参考文献

［1］沈雁峰，孙殿军，赵新华，等．中国饮水型地方性砷中毒病区和高砷区水砷筛查报告［J］．中国地方病学杂志，2005（2）：56－59.

［2］黄治平．砷与癌症［J］．国外医学（卫生学分册），1989（2）：129.

［3］Yang C Y，Chiu H F，Wu T N，et al. Reduction in kidney cancer mortality following installation of a tap water supply system in an arsenic－endemic area of Taiwan［J］. Archives of Environmental Health，2004，59（9）：484－488.

［4］王一飞，王梅，刘旭峰．近10年中国地方性砷中毒的文献计量学分析［J］．中国地方病防治杂志，2020，35（1）：66－67，69.

［5］黄鑫，高乃云，刘成，等．饮用水除砷工艺研究进展［J］．净水技术，2007（5）：37－41，70.

［6］Chen C J. Health hazards and mitigation of chronic poisoning from arsenic in drinking water：Taiwan experiences.［J］. Reviews on Environmental Health，2014，29（1－2）：13－19.

［7］林子渝．影响台湾乌脚病疫区含砷地下水移动因素之探讨［D］．台北：台湾大学，2014.

［8］赖志杰．嘉南平原之水文地质环境中砷质分布与特征：意涵砷之释出过程［D］．台北：台湾大学，2008.

［9］王胜．台湾乌脚病：它与饮用水中无机砷接触的关系［J］. AMBIO－人类环境杂志，2007，36（1）：78－80.

［10］Tseng W P. Blackfoot disease in Taiwan：A 30－year follow－up study.［J］. Angiology，1989，40：547－558.

［11］梁超轲，王汉章，马凤，等．饮水砷卫生标准研究进展［J］．中国地方病学杂志，2003（3）：83－86.

［12］陈德，额尔登，张长增，等．饮水型地方性砷中毒病区改水效果观察［J］．中国地方病防治杂志，2001（5）：292－295.

［13］陈志，张丽玲，杨凤山，等．中国地方性砷中毒及防治研究［J］．中国地

方病防治杂志，1998 (6)：342 - 345.

[14] 徐红宁，许嘉琳. 中国砷异常区的成因及分布 [J]. 土壤，1996 (2)：80 - 84.

[15] 王曙光. 谈两岸合作研究"乌脚病" [J]. 海峡科技与产业，1996 (1)：26 - 28.

[16] 潘洪捷，刘俊廷，赵锁志，等. 地下水中砷赋存状态与砷中毒地方病——以内蒙古河套地区为例 [J]. 地质与资源，2011，20 (2)：155 - 157.

[17] 束长亮，汪旸，王彩生，等. 中国地方性砷中毒的防制和研究概况 [J]. 中国地方病防治杂志，2008 (5)：352 - 354.

[18] 郭志伟，夏雅娟，武克恭，等. 内蒙古砷中毒病区改水效果评估 [J]. 卫生研究，2015，44 (1)：117 - 118.

[19] 韦炳干，孔畅，虞江萍，等. 饮水砷中毒病区水砷形态变化特征 [J]. 环境化学，2017，36 (10)：2214 - 2218.

[20] 李永平，胡洁，贾宇. 饮水型地方性砷中毒病区改水效果的研究 [J]. 中国公共卫生管理，2008 (4)：432 - 435.

二、教学指导意见

（一）关键问题（教学目标）

通过对中国台湾地区饮水砷化物导致黑脚病事件的学习进一步提高学生的自主学习能力。学习并掌握砷及其危害。了解非金属元素过量摄入对人体产生的危害。引入黑脚病的概念，使学生了解黑脚病病症及其形成的原因；学习饮用水除砷的方法。根据此案例让学生了解管理部门、企业和个人在大型化学类安全事故中应采取的措施。

引导学生了解、学习饮用水安全标准体系，并与中国台湾地区饮水砷化物导致黑脚病事件相结合，分析讨论饮用水安全标准体系。再延伸到我国河套地区的氟自然本底高导致氟中毒，启发学生思考我国对高氟饮用水的处理建议。

（二）学生讨论内容的准备工作

1. 学生引导阶段（饮水安全相关知识，要求提前自主学习，独立完成作业）

首先要求学生利用学校图书馆和网络资源查阅黑脚病、饮用水安全管理体系等相关概念，并通过相关文献、期刊、博士论文、会议、报道等对本案例进行补充了解，并自主完成以下问题：

（1）砷化物的性质（五价砷、三价砷等）、在体内累积途径、危害及检测方法。

（2）国家饮用水安全卫生标准中有关砷的相关规定。

（3）黑脚病的概念及其病因、症状。

（4）饮用水分析样本的采样原则及实施要求。

（5）饮用水除砷的物理、化学方法。

（6）中国饮用水安全应急管理制度。

（7）中国饮用水标准的具体内容、软水硬水的判断标准。

（8）本案例带来了哪些技术、管理等方面的变革。

（9）举例说明由砷引起的其他类似安全事件。

2. 小组讨论

（1）用作城市水源地保护的是地下水还是地表水？

（2）我国的自来水为什么不能直接饮用？日本的自来水为什么可以直接饮用？

（3）本案例中在防控方面是否存在需要改进的地方？如果有，请简要说明，并提出可行性改进意见。

（4）以本文案例为例，你认为企业还能采取哪些措施减少黑脚病的发生？

（5）以本文案例为例，你认为个人在生活应还能采取哪些措施预防黑脚病的发生？

（6）你认为建立饮用水安全体系应当以什么为标准？为什么？

（7）与国外的饮用水安全监管体系尤其是欧美的监管体系相比，中国的饮用水监管体系存在着哪些问题？该如何改进？

（三）案例分析要点

（1）需要学生识别关键问题　对案例最基本的学习方法就是要彻底了解事件的来龙去脉，了解事件的起因、经过、结果，掌握案例中相关的专业知识，了解问题及解决的具体办法。本案例中要知道黑脚病病症形成的关键原因、从饮水砷化物含量控制黑脚病的发生。

（2）了解分析问题的方法和解决问题的措施　在分析方法方面，从摸底调查和大范围普查确定患病范围入手，通过饮食饮水确立安全问题发生的原因。

在确定发病原因的基础上，按照国家相关标准和规定，选择合适的水源，建立合理的饮水技术处理和安全管理体系。

（3）根据案例相关的知识点提出解决问题的可供选择的不同方案，并评价这些方案的科学性、可行性。

（四）教学组织方式（对课堂上如何就这一特定案例进行组织引导提出建议）

1. 问题清单及提问顺序、资料发放顺序

课前发放与案例正文饮用水砷中毒相关的食品安全知识问题，要求学生查阅资料，弄清相关知识或概念，巩固食品安全知识。然后发放供学生分组讨论的问题清单，要求学生小组认真准备，并在课堂上交流汇报。

2. 课时分配（时间安排）

该案例的教学时数为3～4学时。其中1～2学时为学生以小组或个人汇报案例中提出的知识问题。同时，教师讲解案例正文。然后根据课前学生分组，对前期提出的问题以小组的形式进行课堂汇报，全员讨论，教师主持（约用2学时）。

3. 讨论方式（情景模拟、小组式等）

本案例教学以小组讨论方式为主。小组充分讨论完毕后，以PPT的形式通过代表向课堂全员汇报本组的观点或做法，其他组提出问题和建设性意见，汇报组予以解答，完善观点或做法。

4. 课堂讨论总结

由任课教师完成，主要总结本案例的核心关键问题、成果和相关知识点，以及讨论案例中当时背景下解决方法不足及现在环境下的解决方案的要点。

（五）案例启示

中国台湾地区饮水砷化物导致黑脚病事件发生以来，引起了人们的广泛关注，此事件对当地人的身体、心理造成了巨大伤害。同时，也引发了人们对饮水安全问题的深刻反思。主要表现在以下四个方面：

1. 出现问题行政管理部门立即解决

20世纪初中国台湾地区就出现了黑脚病病例，当局却在五十年之后因为患者人数不可忽视才进行解决，以至于病情波及15万人。不仅浪费了大量的人力、财力、时间，还使许多鲜活的生命受到病痛折磨。建立饮水安全体系，及时发现问题并迅速找到解决方案十分必要。

2. 建立完善的水处理体系

从根源解决问题，有效预防黑脚病事件的再次发生。加大科研和资金的投入，把完善水处理体系的工作放在重要位置，尽早提上日程，行政管理部门要负责项目建成前后的水质监测，建立良好水源，从根本上摆脱威胁，走上健康的生活道路。

3. 落实管理制度是保障饮水安全的关键

水处理技术与管理过程是确保饮用水安全的重要内容。解决水质问题必须从水源管理出发，同时也要加强对农业和工业的监管，减少砷类农药的使用和“三废”的排放。

4. 居民需加强自我防护意识

饮水安全管理体系除了需要行政部门、相应企业的管理之外，还需要居民的共同努力。居民自身必须有食品安全意识，多了解、学习食品安全和饮水安全相关知识。平日里做好防范措施，对水质差的地区，居民家中应具备简单的水处理设备。定期进行身体健康检查，做到早防备、早发现、早治疗。

（六）类似原因导致其他饮水安全案例

（1）20世纪80年代初，新疆奎屯北部的车排子垦区发生砷中毒，威胁着约5万居民的健康。该区饮用水的含砷量在0.03～0.86mg/L。全垦区有水井324眼，深度从10至410米不等。含砷量高的井水，井深一般大于20米。含水层主要是第四层的细砂、粉砂及黏土夹层，利于砷的富集。砷中毒事件主要发生在饮水含砷量为0.185～

0.85mg/L 的人群中。

（2）贵州雨樟燃煤型砷中毒病区，根据地方性砷中毒诊断标准 WS/T 211—2015《地方性砷中毒诊断标准》确定砷中毒病例 217 名。

（3）地热田中的热泉水、间歇泉及热水塘的砷含量通常较高，西藏羊八井地热田热水中的砷含量高达 437mg/L，玉寨地热田的热水中砷含量也达 272mg/L。

（4）湖南常德石门县雄黄矿是我国最大的雄黄产地。1968 年，生产环境大气中三氧化二砷最高达 34mg/mL，矿区附近的水源、土壤、蔬菜等砷含量异常高。该矿 1971 年至 1982 年 10 余年间发生恶性肿瘤 50 例，其中肺癌 22 例。

（5）1999 年包头市土默特右旗美岱召乡缸房营村地砷病区确诊地砷病 37 人，轻度 5 例，中度 7 例，重度 25 例。其中掌肠部皮肤角化 19 人，占 51.35%；胸腹背部色素沉着、脱失 1 人，占 2.7%；皮肤角化合并色素沉着、脱失 17 人，占 45.95%。

（6）内蒙古河套地区的地理环境、气候、地质构造等因素造成氟元素在水中富集，水中氟含量超过 1mg/L，形成“高氟水”。居民被迫长期饮用高氟水，造成过量的氟元素在体内一些部位富集，尤其是牙齿（可患氟斑牙）和骨骼等部位，造成饮水型氟中毒，该病症具有分布范围广、中毒人数多的特点。据内蒙古自治区地质调查院调查，2007 年河套地区氟中毒人数达到 138 万。

案例十　聚氯乙烯(PVC)保鲜膜中的塑化剂问题

学习指导：本案例介绍了 2005 年 10 月 13 日报道的日韩生产的可能致毒的聚氯乙烯（PVC）保鲜膜事件。本案例再现了事件的发生、发展过程，描述了危害因子——增塑剂（塑化剂）的识别过程。追踪了事件发生和处置过程中监管部门、媒体及消费者所做的工作。通过分析检测，剖析事件发生背景和原因，明确食品安全事件的性质，指出企业加强食品包装安全管理、国家监管部门提升食品包装安全监督和管理的重要性。通过本案例教学使学生学会主动分析问题，了解包装材料用助剂塑化剂及其可能的食品安全危害，掌握食品包装用聚氯乙烯（PVC）保鲜膜中塑化剂的最大限量、塑化剂的检测方法等相关知识。学会分析食品包装材料安全中的危害因子，制定和落实食品包装用保鲜膜的生产和管控措施。

知识点：食品包装安全，食品质量安全管理体系，风险交流

关键词：塑化剂，聚氯乙烯（PVC）保鲜膜，食品包装安全

一、案例正文

2005 年 10 月 13 日，有媒体报道，国内很多超市采用遭日韩禁用的聚氯乙烯（PVC）保鲜膜包装生鲜产品，如蔬菜、水果及熟食等。常用的食品用保鲜膜主要包括两大类，分别是聚乙烯（PE）保鲜膜和聚氯乙烯（PVC）保鲜膜。聚氯乙烯（PVC）保鲜膜本身是无毒的，导致其毒性的主要因素是在聚氯乙烯保鲜膜制备过程中添加的增塑剂己二酸二（2－乙基己基）酯（DEHA），该增塑剂目前已被列入 3 类致癌物名录。特别是其会干扰人体内分泌，引起妇女乳腺癌、新生儿先天缺陷、男性生殖障碍甚至精神疾病等。企业和卫生部门以及国家质量监督检验检疫总局对该事件中的聚氯乙烯保鲜膜相继做出调查和回应，结果从送检的多家保鲜膜中检测出增塑剂 DEHA 超标，确定了此次保鲜膜事件是由其在生产过程中添加的增塑剂超标引起的。由此国家质量监督检验检疫总局认定此次事件为保鲜膜塑化剂事件，对多个企业的多个品牌的聚氯乙烯保鲜膜进行了检测，并要求食品保鲜膜生产企业，在产品外包装上标明产品的材料和适用范围，对于不符合标准要求的责令召回。这个事件说明，食品或食品包装中使用塑化剂的危害大，制定严格的食品保鲜膜用塑化剂标准将有助于避免食品安全风险。保鲜膜生产企业应严格遵守食品包装用塑料材料的相关国家标准；国家应落实对企业的监测和管控制度，提升食品包装安全监测控制能力，从源头杜绝类似由塑化剂超标添加而引起的食品包装安全问题。

（一）事件的发生

2005 年 10 月 13 日，媒体爆料称，遭日本和韩国禁用的有毒聚氯乙烯保鲜膜大量流入中国，并在中国的各大超市用于包装蔬菜、水果及熟食。一石激起千层浪，随后聚氯乙烯保鲜膜受到国家、企业和各大媒体的广泛关注，并迅速对事件展开了跟踪调查。在此，按时间顺序对此事件的发生发展以及产生的社会效应进行回放。

2005 年 10 月 13 日，媒体报道称，国内流入大量遭日韩禁用的聚氯乙烯保鲜膜，并在国内各大超市继续用于水果、蔬菜以及熟食的包装和保藏。聚氯乙烯保鲜膜本身是无毒的，导致其毒性的主要成分是在聚氯乙烯保鲜膜制备过程中添加的增塑剂二（2－乙基己基）己二酸酯（DEHA），目前已被列入 3 类致癌物名录。含有 DEHA 的保鲜膜遇上油脂或高温时，DEHA 很容易释放出来，随食物进入人体后对健康带来影响。特别是该化合物会干扰人体内分泌，引起妇女乳腺癌、新生儿先天缺陷、男性生殖障碍甚至精神疾病等。

2005 年 10 月 14 日，国家质量检验检疫总局（简称国家质检总局）开始对 44 种聚氯乙烯食品保鲜膜进行抽查。抽查结果显示，所检测 44 种样品的氯乙烯单体含量均小于 1mg/kg，但发现聚氯乙烯保鲜膜含有增塑剂二（2－乙基己基）己二酸酯（DEHA），我国允许的聚氯乙烯保鲜膜使用助剂是己二酸二辛酯（DOA），DEHA 不属于我国保鲜膜规定允许使用的增塑剂。这次抽查查出 12 种聚氯乙烯保鲜膜含有 DEHA，但国家质检总局没有披露这些聚氯乙烯保鲜膜的名称及生产企业。

2005 年 10 月 17 日，部分生产聚氯乙烯保鲜膜的企业表示，聚氯乙烯保鲜膜中不含致癌物质，其理由是国家权威机构未做出上述有关聚氯乙烯保鲜膜含有 DEHA 的结论。

2005 年 10 月 21 日，卫生部明确表态，我国的保鲜膜生产标准没有过时。只要按照国家颁布的有关食品包装用包装材料的标准进行生产，正品的聚氯乙烯保鲜膜对人体是无害的。当日，中国塑料加工工业协会负责人称，成品的聚氯乙烯保鲜膜，只要单体氯乙烯的含量不高于 1mg/kg，都是符合 1988 年制定的聚氯乙烯的工业标准和 1991 年国际食品法典委员会的要求的。作为食品保鲜膜，不仅聚乙烯、聚丙烯是符合食品安全标准的，聚氯乙烯保鲜膜，只要其采用符合食品安全的己二酸二辛酯（DOA）作增塑剂，且添加量不超过 35%，也是符合食品安全标准规定的，所以消费者可以放心地使用上述聚氯乙烯食品保鲜膜，不会对人体造成危害。

2005 年 10 月 25 日，国家质检总局发布公告：禁止生产或进出口含有 DEHA 增塑剂的聚氯乙烯食品保鲜膜。已生产和出售该类保鲜膜的企业应立即停止生产，并召回已出厂产品。同时，国家质检总局还提醒消费者要选购聚乙烯食品保鲜膜或标识“不含 DEHA”的聚氯乙烯食品保鲜膜，使用保鲜膜时不宜直接用于包装肉食、熟食及含油脂的食品，也不宜直接用微波炉加热。

2005 年 11 月初，国家质检总局对聚氯乙烯保鲜膜的检测结论似乎为该事件画上了句号，但是直至 11 月中旬对该事件的议论和相关报道仍在继续。同时，从媒体对部分消费者的调查中发现，人们对该聚氯乙烯保鲜膜事件有着不同的反应。其中，大多数消费者认为，比聚氯乙烯保鲜膜本身是否有毒的讨论更重要的是，类似“致癌风波”的食品安全问题是否还会接二连三地上演。多数消费者坦言，对食品安全有了新的认识，希望政府、食品安全权威检测机构加强食品安全的监管力度，给消费者一个安全的消费环境。

（二）事件原因调查

在此次食品保藏用的聚氯乙烯保鲜膜事件中，国家质检总局对 44 种不同种类的聚氯乙烯保鲜膜进行抽查，联合调查了这次保鲜膜事件的来源。检测结果为这些聚氯乙烯保鲜膜在生产过程中添加了 DEHA，国家质检总局认定此事件为聚氯乙烯保鲜膜塑化剂事件。

（三）事件后续处置

媒体曝出的经日韩流入的有毒聚氯乙烯保鲜膜事件是由于聚氯乙烯保鲜膜在生产过程中添加了 DEHA。

2005 年 10 月 25 日，国家质检总局针对聚氯乙烯保鲜膜助剂使用安全问题召开新闻发布会并表示，通过对目前市场上使用的 44 种聚氯乙烯食品保鲜膜进行抽查，发现氯乙烯单体含量合格的这些保鲜膜，含有对人体有害的增塑剂（DEHA），国家质检总局发布公告，要求禁用聚氯乙烯保鲜膜直接包装肉食、熟食及含油脂食品。国家质检总局已着手完善食品保鲜膜产品标准，将同有关部门对我国现行的25项食品包装材料卫生国家标准进行修订；同时，国家质检总局下属的中国检验检疫科学院已研究制定了食品保鲜膜中DEHA的检测方法，并将其作为国家标准进行颁发。

此次食品保藏用聚氯乙烯保鲜膜事件，也让消费者对于我国的食品安全产生了新的看法和新的期望，消费者对食品安全有了新的认识，从多方面增加了对食品安全的担忧。也对食品相关的权威机构有了新的期望，希望政府相关部门严格监督或监管生产企业的生产行为，加强检测和监管力度，出台严格的食品包装材料国家标准，让不合格的食品包装无处藏身。

参考文献

［1］Goulas A E，Zygoura P，Karatapanis A，et al. Migration of di（2 – ethylhexyl）adipate and acetyltributyl citrate plasticizers from food – grade PVC film into sweetened sesame paste（halawa tehineh）：kinetic and penetration study.［J］. Food & Chemical Toxicology，2007，45（4）：585 – 591.

［2］罗健夫. 追踪保鲜膜事件［J］. 中国防伪报道，2005，（11）：28 – 30.

［3］韩永生. 关注增塑剂在塑料包装中的安全问题［J］. 中国包装工业，2011，（12）：2 – 5.

［4］王化楠. 中国食品安全责任强制保险研究［D］. 成都：西南财经大学，2009.

［5］刘回春. 法国“拉杜蓝乔”核桃油塑化剂超标事件引关注［J］. 中国质量万里行，2019（8）：56 – 58.

［6］朱俊. 关注食品塑料包装的安全隐患及其控防措施［J］. 资源与人居环境，2013（10）：51 – 55.

二、教学指导意见

（一）关键问题（教学目标）

通过本案例教学使学生学会主动学习，了解食品保藏用聚氯乙烯保鲜膜材料的组成要求及危害成分，熟悉聚氯乙烯保鲜膜中常见危害物质的检测方法，掌握食品保藏中所用聚氯乙烯保鲜膜生产过程中的安全控制要求。了解食品包装用聚氯乙烯保鲜膜的相关标准和检测聚氯乙烯保鲜膜中主要危害因子的基本原理和方法。

（二）案例讨论的准备工作

1. 学生讨论内容的准备工作（食品保藏用保鲜膜的相关知识，要求提前自主学习，独立完成作业）

（1）食品保藏用保鲜膜的种类以及特定保鲜膜助剂添加限量制定的科学依据。

（2）聚氯乙烯保鲜膜材料的组成。

（3）聚氯乙烯保鲜膜污染的途径、危害、致病机制及用于食物保藏的条件要求。

（4）聚氯乙烯保鲜膜安全性的常用检测方法。

（5）聚氯乙烯保鲜膜生产过程中的常用质量安全控制方法。

（6）我国对于聚氯乙烯保鲜膜的进出口检验要求。

（7）我国对聚氯乙烯保鲜膜生产企业监督检查规定。

2. 学生讨论问题的准备工作（要求以小组的方式准备，但内容不限于以下选题）

（1）聚氯乙烯保鲜膜为什么有毒？引起其毒性的主要因素是什么？又是如何引起熟食以及油性食物污染的？

（2）食品保藏时，如何控制聚氯乙烯保鲜膜带来的危害？

（3）假如你是一名食品安全监管人员，当类似此事件有毒聚氯乙烯保鲜膜流入中国时你如何开展工作？

（4）食品保鲜膜应用企业应如何建立系统全面的质量安全管理制度？

（5）保鲜膜中己二酸二（2－乙基己基）酯（DEHA）和邻苯二甲酸二（2－乙基己基）酯（DEHP）的区别与性质。

（6）企业、政府、媒体如何共同树立消费者对食品保藏安全的信心？

（三）案例分析要点

1. 首先要引导学生分析此事件是什么性质的食品安全问题

食品安全问题除了包括食品本身的安全问题以外，还包括食品外源污染的安全问题，即食品包装的安全问题。食品包装安全的关键因素之一是食品包装材料的安全。食品包装材料主要由包装主体材料及助剂组成。层层剖析，引导学生理解食品包装材料安全产生的因素、食品包装材料的类型及可能的危害。

2. 引导学生分析如何避免由食品保鲜膜使用不当而引发的食品安全问题

食品保藏常用的保鲜膜有哪些，各自组成如何，有何特点，聚氯乙烯保鲜膜与其他保鲜膜在组成上有何区别，导致其安全隐患的关键原因是什么。企业应该如何监管和控制聚氯乙烯保鲜膜的安全性，以避免由原料限量和助剂添加引起的保鲜膜安全性问题。监管部门应如何科学、有效监管，还能够采取哪些安全管理方法。同时，随着保鲜膜在食品保藏中的广泛使用，如何加强监管其安全性。消费者应该如何降低聚氯乙烯保鲜膜的食品安全风险。

3. 引导学生了解日韩有毒聚氯乙烯保鲜膜事件中进行食品安全危害识别的研究方法

日本和韩国有毒聚氯乙烯保鲜膜事件中，研究者使用了抽检的方法进行了危害识别，这样的方法一般分哪些阶段，危害识别还有哪些方法。

4. 风险管理

在食品安全事件发生后，政府、企业应具备什么应急反应或快速控制危害传播的方法。在食品安全事件中，媒体应如何传播信息。

（四）教学组织方式（对在课堂上如何就这一特定案例进行组织引导提出建议）

1. 问题清单及提问顺序、资料发放顺序

课前先发放问题清单，布置作业。发放案例正文，学生进行仔细阅读。课堂上利用板书提示事件发展关键词，由学生补充事件详细内容，使学生理清事件发生的整个过程。

2. 课时分配（时间安排）

该案例教学时数建议3~6学时，事件回顾、问题发放和作业总结1~3学时，重点学习和掌握案例相关的基本知识。讨论和总结2~3学时。

3. 讨论方式（情景模拟、同类案例分析、讨论关键控制环节等）

根据案例内容，可以分组进行情景模拟，也可由小组设置事件处置措施推演事件的发展走向和得到不同的结果；可以采用小组讨论方式，对类似案例进行分享，分析与本案例的异同；板书或道具展示聚氯乙烯保鲜膜生产环节，小组讨论分析聚氯乙烯保鲜膜生产依据的食品包装材料相关国家标准，利用小旗道具进行标识，组长总结发言。

4. 课堂讨论总结

由任课教师完成，主要总结本案例的核心关键问题，可借鉴的经验和教训，应加强的知识和目前情况下的解决方案要点。

（五）其他

1. 计算机及视听辅助手段支持

推荐案例相关的视频在课堂播放。

2. 建议的板书

记录课堂分析要点和讨论结果，给出提示词。

在板书中，将聚氯乙烯有毒保鲜膜事件画一个发生发展过程图，从而系统分析保鲜膜的生产、检测、处理、危害等。

3. 本案例启示

（1）风险评估工作前置将有助于规避食品安全风险　这个案例中的聚氯乙烯有毒

保鲜膜仅是一个代表，随着社会的快速发展，人们生活节奏的不断加快，食品的保藏采用更多形式多样的包装材料将会是一个趋势。而在食品包装材料生产过程中，为了提高其使用性能，添加各种助剂成为必要的加工关键技术。因此由于食品包装材料中助剂的添加或迁移引发的食品包装材料安全问题也会越来越多。国家质检总局已在2005年着手完善食品保鲜膜产品标准，已同有关部门对我国现行的25项食品包装材料卫生国家标准进行修订工作。这个事件提示，若能够对尚未引起食品安全事件、但存在安全风险的因素进行风险评估，使风险评估工作前置，将能够在食品安全问题上"未雨绸缪"，制定相关的食品保鲜膜产品标准，从源头减少食品包装安全事件的发生。同时，该案例也对消费者在进行食品包装材料选用时起到了很好的警示和教育作用，提高了消费者的食品安全意识。

（2）企业的食品安全管理制度和质量监测控制的重要性

①增强技术实力，落实管理制度是保障食品安全的关键：除了本事件中的聚氯乙烯有毒保鲜膜事件，近年来，由于包装材料中助剂尤其是增塑剂的添加而引起的食品包装材料安全事件还有多起，这一方面说明了食品包装材料安全问题要持续关注和加强监管，另一方面也说明了保鲜膜在生产过程中还是有"漏洞"，使其超过限量标准，增加了食品安全的隐忧。这个事件提示，相关政府部门应出台食品保鲜膜产品标准以及食品包装材料卫生国家标准。保鲜膜的毒性有可能存在于单体含量、助剂添加量等多个位点，因此要防止保鲜膜产生毒性，应严格按照食品保鲜膜产品标准以及食品包装材料卫生国家标准等，加强保鲜膜的监管和抽检力度，找出保鲜膜生产中的关键环节，严格控制助剂的添加量，降低食品保藏用保鲜膜致毒的可能性。

②国家或企业的严格监管是保障食品安全的重要防线：日韩聚氯乙烯保鲜膜在遭本国禁令的前提下大量流入中国，导致中国超市生鲜产品，如蔬菜、水果及熟食包装中大量使用聚氯乙烯保鲜膜，这说明了国家或者企业对保鲜膜使用的监管存在很大的漏洞。保鲜膜生产企业要不断加强监管和检测或抽检力度，强化企业生产人员的专业意识、安全意识，提升查明分析问题的能力，实施常态化检测，以容易引起聚氯乙烯保鲜膜安全隐患的风险因素为导向，每季度对不同品种、不同批次的聚氯乙烯保鲜膜开展一次抽检。重点加强单体含量及增塑剂的检测力度。出现问题及时采取有效措施处理，避免影响进一步扩大。

（3）加强风险排查和评估　企业应遴选有资质的第三方检测机构，开展全方位的风险隐患排查与评估。重点排查企业食品包装安全管理制度、设施布局、保鲜膜加工过程控制、助剂添加类别、添加量、留样管理、使用过程中的安全隐患，同步开展风险评估，并提供食品包装安全延伸培训，加强专业知识和技术指导，落实问题整改复查并出具检验报告。

4. 相同因素引起的其他案例

（1）中国台湾塑化剂污染食品事件　2011年5月25日，中国台湾地区含有害人体塑化剂DEHP的塑化剂毒饮料案被媒体曝光，而且污染产品呈现出滚雪球式的发展，不只果汁、饮料遭污染，就连果酱、益生菌粉等产品也于当日下架回收。事件发生2周后的6月11日，受事件牵连的厂商近300家，受到污染的产品已经查过960项，酿成了重大的食品安全问题，给当地美食蒙上了阴影。

该食品安全事件发生后，中国台湾卫生防疫站采取抽样方式对相关的被曝光的食品进行了检测，发现主要的问题都是食品中塑化剂添加量超过标准要求。6月11日，销毁塑化剂污染食品总重量超过286吨，同时也提出应该全力防范其他方便食品污染。与此同时，当地相关部门提出了下一步将根据欧美部分添加剂的规定来制定塑化剂的最大摄入量，以此约束塑化剂的使用。

（2）法国“拉杜蓝乔”核桃油塑化剂超标事件　2019年7月，拉杜蓝乔（上海）贸易有限公司官方微博“LaTourangelle拉杜蓝乔”发布通报称，风险自查中发现所代理的婴幼儿辅食品牌Latourangelle（拉杜蓝乔）核桃油存在DEHA成分残留情况，公司已经提醒各渠道销售商暂停销售，不过非全面召回。通报提到，此次排查是拉杜蓝乔（上海）贸易有限公司及控股股东千麦实业（上海）有限公司主动发起，排查的5个批次产品存在DEHA超标，剩余3个批次存在残留。

案例十一　毒豆芽事件

学习指导：本案例整合了国内近年来发生的毒豆芽事件，再现了事件的发生、原因、后果和各方举措等，探讨了毒豆芽法律责任问题。通过本案例教学启发学生主动思考，了解食品安全法律法规。

知识点：芽菜生产，食品标准，食品安全法律法规

关键词：毒豆芽，毒豆芽事件，豆芽

一、案例正文

（一）事件的发生

2011年4月17日，辽宁省沈阳市警方端掉一豆芽“黑加工点”，该“黑加工点”使用了至少4种非食品添加剂，其中包括化学肥料尿素，一种兽用药恩诺沙星，一种激素6－苄氨基腺嘌呤。加入尿素和6－苄氨基腺嘌呤可使豆芽长得又粗又长，而且可以缩短生产周期，提高黄豆的发芽率。此事件被曝光后，全国各地加大了对毒豆芽案件的查处力度，查处了一大批生产销售毒豆芽的案件。

（二）事件调查结果

全国各地司法机关办理的毒豆芽案件的共性调查结果是：行为人在豆芽生产过程中使用了“无根元素”等其他肥料、农药化学物质，或者行为人知道是由上述“无根元素”等生产的豆芽仍在销售，“无根元素”的主要成分是6－苄基腺嘌呤和4－氯苯氧乙酸钠。毒豆芽通常指豆芽发芽生产中添加了作为植物生长调节剂的“无根水”、“AB”粉等（主要成分为6－苄基腺嘌呤和4－氯苯氧乙酸钠）的豆芽，“无根水”能让豆芽生长无根须、色白、体粗。

目前对同样性质的毒豆芽案件，各地存在四种不同性质的处理方式：有的按生产、销售伪劣食品罪处理；有的按生产、销售不符合安全标准的食品罪处理；多数按生产、销售有毒、有害食品罪处理；还有少数以生产、销售有毒、有害食品罪被批捕，但最终以撤案了结。如2015年6月16日，辽宁省葫芦岛市连山区人民法院对一起发回重审的生产销售有毒有害食品罪案件作出被告人郭某、鲁某两位豆芽生产者无罪的判决。此为一系列毒豆芽案件作出无罪判决的首例。

2015年7月29日，人民网发文：毒豆芽案无罪判决是对科学的尊重。因对豆芽的监管脱节，“无根豆芽”被认为是非法添加有毒有害物，检测出含有6－苄基腺嘌呤和4－氯苯氧乙酸钠被作为司法机关定罪量刑的依据。但迄今（2015年）为止，并无科学证据表明这几种物质有毒有害。相反，农业部农产品质量风险评估实验室（杭州）及地方政府曾出具评估报告，为其安全性背书。国家食品药品监督管理总局、农业部、国家卫生和计划生育委员会联合发布公告，称豆芽生产过程中使用6－苄基腺嘌呤、4－氯苯氧乙酸钠、赤霉素等物质的安全性“尚无结论”。同时也明确“监管红线”称，“禁止豆芽生产者使用以上物质，并禁止豆芽经营者经营含以上物质的豆芽”。可见，禁止使用、经营是一回事，是否不安全、有毒有害是另一回事，“无根豆芽”本身不是有毒有害食品的符号。因此，是否符合《中华人民共和国刑法》第144条、“两高”司法解释第9条、第20条规定，构成生产、销售有毒、有害食品罪，不能仅凭“无根豆芽”外观或其中检测出的6－苄基腺嘌呤和（或者）4－氯苯氧乙酸钠等来判断，不能在有关部门公告禁止使用的物质和有毒有害物质之间简单地画等号。这样的逻辑推理并不成立，不符合以事实为依据的法律原则，也缺乏实证、理性的科学精神。“让不让用是管理问题，是否有毒是科学问题，违反行政规章与触犯刑法不能等同”，这是法律应有的科学态度和逻辑理性，也是刑法谦抑性的必然要求。毒豆芽案无罪判决，是作为社会科学的法律对自然科学领域的应有尊重，是司法对行政违规与刑事犯罪分野的清醒认知，彰显了科学、理性的精神，也给世人闪亮启示。

（三）事件后续处置

从2013年1月1日到2014年8月22日，相关毒豆芽案判决中，有918人以生产、销售有毒、有害食品罪获刑。从2014年1月1日到2015年1月31日，定罪量刑的毒豆芽案判决达1000多份，其中绝大部分是按生产、销售有毒、有害食品罪处理的。如2014年9月3日，广东省广州市海珠区人民法院认为，潘某等8人无视国家法律，生产和销售有毒、有害的食品，其行为均已构成生产、销售有毒、有害食品罪，依照相关法律，8名被告人分别被判有期徒刑两年至四年不等，其中被视为主犯之一的潘某被判处有期徒刑四年，并处罚金人民币五万元。

在2015年的全国“两会”上，全国人大代表、时任重庆市人民检察院检察长余敏提交的建议《关于明确“AB”水生产豆芽案件法律适用问题的建议》认为，毒豆芽案有争议，全国各地对案件的法律适用混乱，处理上各地差异较大。各有不同，有的按有罪处理，有的按无罪处理；有的以生产、销售有毒、有害食品罪处理，有的按照生产、销售不符合安全标准的食品罪处理。在余敏看来，争议的焦点之一还在于，“AB”水中所含的6-苄基腺嘌呤、4-氯苯氧乙酸钠等化学物质，能否认定为食品生产加工中的“有毒、有害的非食品原料”或者是农产品培育种植中“使用禁用农药、兽药等禁用物质或者其他有毒、有害物质”，这一点分歧较大。2015年6月16日，辽宁省葫芦岛市连山区人民法院对毒豆芽案件作出首例无罪判决。至此，毒豆芽事件出现了重大转机。该案意义重大，影响深远，也起到示范作用，让许多尚在彷徨等待中的豆芽生产者看到了准星，让一些被取保候审的毒豆芽案嫌犯看到了希望，也让毒豆芽安全性“尚无结论”的科学判断，得到了司法的尊重和认可。随后，福建、重庆等地相继出现撤诉案件。

尽管出现了无罪判决，但执法、司法机关如何统一认识，妥善处理已决案件与未决案件，如何从根本上解决毒豆芽问题及类似问题，仍然还有大量的工作要做。毒豆芽问题是我国食品安全治理中的一个典型切片和鲜活样本。其引发的立法科学性问题、监管职责的划分问题、执法与司法衔接机制问题、司法审判中心建立问题、新闻舆论引导问题、风险交流能力问题以及人权保障观念的确立等问题，值得严肃对待和深刻反思。

参考文献

[1] 严峰. 食无巨细安全为先——南通市通州区市场监管局“毒豆芽”系列案件查处的启示［J］. 食品安全导刊，2019，235（11）：52-53.

[2] 陈有谋. 福建“毒豆芽”案撤诉［J］. 农产品市场周刊，2016（39）：34-35.

[3] 符向军. 毒豆芽案无罪判决是对科学的尊重［EB/OL］. 人民网，2015-07-29.

二、教学指导意见

（一）关键问题（教学目标）

通过本案例教学使学生学会主动学习，了解不法商贩生产豆芽过程中为达到卖相好、保存时间长以及缩短生产时间所使用的相关无根剂物质，学会如何看待其危害性和争议问题，更要了解食品安全相关法律法规。

（二）案例讨论的准备工作

1. 学生讨论内容的准备工作（食品安全相关知识，要求提前自主学习，独立完成作业）

重点学习国家食品添加剂标准中食品添加剂标准以及食品中违禁物质，包括：

（1）国家食品添加剂标准中食品添加剂标准以及食品中违禁物质。

（2）《农产品质量安全法》。

（3）《卫生部关于制发豆芽不属于食品生产经营活动的批复》（卫监督发〔2004〕212 号）、《关于对豆芽生产环节监管意见的复函》《豆芽中 6 - 苄基腺嘌呤残留的膳食风险评估报告》。

（4）我国《食品安全法》关于食品安全主体责任的规定。

（5）食品分析样本的采集原则及实施要求。

（6）如何检测无根剂物质。

（7）有毒有害物质的认定标准。

（8）“无根豆芽”本来面目。

（9）无根豆芽专用剂对啮齿动物的毒害以及反应剂量。

2. 学生讨论问题的准备工作（要求以小组的方式准备，但内容不限于以下选题）

（1）案例中事件发生的主要原因？

（2）有毒有害物质如何认定？

（3）毒豆芽案件如何定性？生产、销售使用无根剂的豆芽是否构成犯罪？

（4）无根剂属于有害物质的剂量以及有毒物质的剂量范围是什么？

（5）豆芽究竟属于加工食品还是蔬菜？我们该如何“管理豆芽”？

（三）案件分析要点

1. 引导学生分析事件是什么性质的食品安全问题

食品安全问题本身被分为物理性、化学性、生物性污染和非法添加等几大类。但从法律角度就要确定发生安全事件的责任问题，因此要引导学生学习相关法律，分析事件的起因，明确事件的性质，确定事件的主体责任和相关的法律责任。

2. 引导学生认识该类食品安全问题产生恶劣影响及规律

造成该事件的主要原因是小作坊为牟取暴利以及缺乏相关知识。豆芽的属性定义有争议，带来管辖权限存在争议。回顾案件本身，我们不难发现，立法、司法双管齐下严厉打击食品安全案件成效显著，但进入刑事司法阶段的案件相对于查处的案件总数而言难免太过失衡。而这一现象的原因是“行政与司法衔接不畅、取证难、认定犯罪嫌疑人‘明知’难，其中‘明知’的认定问题是核心”。分析原因，根据相关案例相关知识点提出解决问题的可供选择的不同方案。

3. 案件调查过程中采取的方法分析

“鉴定难”是危害食品安全犯罪认定和惩治最为突出的问题之一。案件中的问题原因分析体现了哪些科学思想，哪些方法存在一定的局限性，哪些规定存在相互矛盾，如果要定义属性，应该归哪个部门的监管。

4. 管理制度的制定和有效实施

以案例的处罚为警示，引导学生如何区分健全食品监管体制以及如何完善以随机抽查为重点的日常监督检查制度。监管部门督促经营者严格执行法律和行业标准，规范生产经营活动，加大生产、加工、储存、流通各环节监督抽检力度。

（四）教学组织方式（对在课堂上如何就这一特点案例进行组织引导提出建议）

1. 问题清单及提问顺序、资料发放顺序

先发放问题清单、布置作业。发放案例正文，仔细阅读后，随机顺序提问，使学生理清事件发生的整个过程。

2. 课时分配（时间安排）

本文案例建议教学时数为3~6学时，作业总结和事件回顾1~3学时，讨论和总结2~3学时。

3. 讨论方式（情景模拟、小组式、辩论式等）

根据案例内容，可以分组进行情景模拟，也可自己设置事件处置措施推演事件的发展走向得到不同的结果；也可以采用小组讨论方式，设置正方反方进行辩论，组长总结发言。

4. 课堂讨论总结

由任课教师完成，主要总结本案例的核心关键问题，可借鉴的经验和教训，应加强的知识和当前环境下的解决方案要点。

（五）其他

1. 计算机及视听辅助手段支持

推荐案例相关的视频在课堂播放。

2. 建议的板书

记录课堂分析要点和讨论结果，给出提示词。

3. 本案例启示

（1）规范食品生产小作坊的检查和执法，公开检查人员对食品生产单位的日常检查结果　对食品生产小作坊生产、加工、包装、储存设施进行检查是让食品生产企业对其生产的食品安全卫生承担起责任的重要途径，监管部门对所有食品生产企业设施进行检查的频率应当不断提高。同时要下决心从源头整治非食品添加剂的违法生产和使用。对将化工原料、农药、消毒剂、抗生素等通过混合包装以食品添加剂向食品生产企业和小作坊推销让其使用者、小作坊主明知是非食品添加剂人为故意加入食品者，经查实，监管部门将封存销毁全部有问题产品，查封生产经营场所及设施，予以从严从重处罚。

（2）不断提高国民素质，增强消费者食品安全意识和自我保护能力　建议国家市场监督管理总局在其门户网站开辟食品法规及标准专栏，提供国家最新公布食品法规和标准公众号免费查阅。定时定期由总局专家专题专版开展食品安全公益宣传；普及食品健康和食品安全方面知识，倡导健康的饮食方式，指导消费者科学合理的选择食品，帮助消费者辨别食品优劣，提高消费者的科学消费意识和自我保护能力。

（3）拓展参与监督途径，开展创新试点工作　探索组建食品安全行风监督员、社会监督员、志愿者等公益性服务队伍，制定相关管理办法，引导相关人员积极参与食品安全监督。推广平台客户端、公众号，广泛发动群众报送食品安全信息，畅通投诉举报渠道，加大引入举报（尤其是业内从业人员打破行业“潜规则”的举报）奖励和保护机制，动员全社会力量参与食品安全大环境建设。

（4）履行部门监管职能，夯实工作基础　突出全程全环节监控，食品监管部门、生产企业、经营单位严把质量关，手续、流程关，形成高效、可追溯的全程监管链条。强化部门联动、安全风险严控、违法行为严打、突发事件预警机制、应急处置体系等全员监管链条。各监管部门要加强协作，职能前移，形成各监管环节的无缝对接。推进监管信息公开，引导舆论监督。依托政务服务网，加快建设统一食品安全信息公示平台。食品监管部门依法规范公布食品安全标准、行政许可、监督抽检、行政处罚、事故处置、典型案例、黑名单、企业信用等信息，设立网上咨询平台，方便公众查询获取。健全新闻发布制度，强化新媒体运用，建立常态化的信息发布渠道，及时回应群众关切和社会关注的热点问题。

除上述启示外，还可以讨论：

①该事件在处理过程中，有哪些是值得我国相关部门借鉴的，又有哪些失误（如果有）是可以避免的？

②案件的调查过程有哪些是我们可以学习、借鉴的，其中的科学性有哪些？

③通过本案例的分析，请回顾在食品安全管理过程中，哪些是应该加强的，请提出应该加强的具体措施。

第四章

非法添加类食品安全案例

案例十二　苏丹红事件

学习指导：本案例介绍了2005年2月发生在全球范围内的非法添加苏丹红事件。本案例以时间为主轴，再现了该事件的发生、发展过程，讲述了事件发生和处置过程中企业、各级政府部门及媒体所做的工作，通过还原事件过程，剖析事件发生原因，明确事件的主体责任，确定事件的解决方案，揭示生产企业的食品安全技术管理和食品安全社会管理责任的内涵与外延的统一性问题。通过本案例教学使学生学会独立思考，了解非法添加物的危害，掌握食品添加剂合法使用等方面的知识，学会定位分析食品生产过程中的危害因素，制定并执行危害解决措施，掌握食品安全突发事件的应急处置方法。

知识点：非法添加物的危害，食品添加剂合法使用，食品供应链风险与风险管理，食品安全突发事件应急管理

关键词：食品非法添加物，苏丹红一号，食品安全管理

一、案例正文

某著名快餐公司A创建于1952年，是美国跨国连锁餐厅之一，也是世界第二大速食及最大炸鸡连锁企业，在世界快餐餐饮业中具有较强的影响力。随着公司规模的扩大和发展，公司在产品研发和技术应用方面凸显出明显优势，不仅有先进的现代化生产技术和设备，还有经验丰富的食品安全管理能力，公司致力于打造餐饮业最先进、最完善的食品安全体系，走在了行业的前列。但是，就是这样一个走在行业前列的著名企业，由于供应链食品安全管理不到位，在中国市场使用了含有“苏丹红一号”的辣腌泡粉进行了产品生产，自此一场非法添加的“苏丹红”风暴席卷全球。事件发生后，由于该公司第一时间向媒体公布、快速停产、销毁成品、凭小票报销医药费、全面追查来源等应对措施，阻止了风险的进一步扩散，但该事件波及面广，仍在世界范围内造成了极大的负面影响。此次事件说明食品安全的管理不仅限于是否拥有先进的食品生产或安全管理措施、专业技术人员，更重要的是生产者和管理者对食品安全问题的态度和责任意识。时至今日，许多人对苏丹红事件仍记忆犹新，食品安全无小事，这需要我们每个人反思和总结。

（一）事件的发生

苏丹红事件自2005年2月18日发生后，责任企业、媒体、政府相关部门对事件展

开了应对处理、责任调查和追踪报道，至2005年4月结束，历时两个月。在此，按时间顺序对此事件发生发展过程及产生的社会效应进行回放。

2005年2月18日，也就是在英国食品标准局在收到英国第一食品公司污染事件报告的第11天，首次向英国公众发出警告，称英国第一食品公司生产的部分“伍斯特调料”中含有可能致癌的“苏丹红一号”色素，并且在官方网站公布了359种食品的清单，呼吁民众如果家中有这些食品，立即停用，并通知厂商退还并退费。据悉，这是英国历史上规模最大的食品召回事件。

2005年2月21日，英国食品标准局又在另外63种产品中发现“苏丹红一号”，使受影响的食品种类达到近400多种。

2005年2月23日，中国国家质检总局发出紧急通知，要求各地质量监督和技术监督部门加强对食品生产企业的卫生监管，并对食品中使用“苏丹红一号”的情况展开清查，重点检控进口产品中的“苏丹红一号”，以防进入国内流通渠道。著名快餐公司A立即要求供应商对相关调料进行检测，并提供书面确认。

2005年2月24日，广州市质监局根据国家质检总局发出的通知，对广州市面产品进行检查。

2005年2月25日，著名快餐公司A进口产品供应商发来书面回复，确认其供应的产品不含苏丹红。

2005年3月4日，北京市有关部门从著名快餐公司B的辣椒酱产品中检出“苏丹红一号”，并确认苏丹红来自广州某食品有限公司。著名快餐公司A再次要求所有供应商继续排查“苏丹红一号”，并把重点转向国内原料。

2005年3月15日，在著名快餐公司A“新奥尔良烤翅”和“新奥尔良烤鸡腿堡”调料中发现了微量“苏丹红一号”成分。

（二）事件原因调查

2005年3月16日，著名快餐公司A公关部负责人通告，该公司已经查明，含“苏丹红一号”成分的调料来自国内产品供应商C公司提供的两批红辣椒粉。著名快餐公司A立即要求全国范围内停止售卖“新奥尔良烤翅”和“新奥尔良烤鸡腿堡”两种产品。同时启动内部流程妥善处理并销毁所有剩余调料，防止问题调料回流到消费渠道。并且通过媒体和餐厅发布其中国公司集团的《有关“苏丹红一号”问题的声明》，向公众致歉。

2005年3月17日，著名快餐公司A品控人员在进一步追查苏丹红时，在生产记录中发现，国内产品供应商C公司提供的含苏丹红的辣椒粉曾经在2005年1月12日用于部分“香辣鸡翅”“香辣鸡腿堡”和“劲爆鸡米花”的调料中。著名快餐公司A立即通知所有餐厅停用剩余调料，并由另一家公司的同样调料替代。

2005年3月18日，在政府有关部门进行的一项食品专项执法检查中，从著名快餐公司A所属北京市朝阳区某餐厅内抽取的原料“辣腌泡粉”中检出“苏丹红一号”。

“辣腌泡粉”被用在该公司“香辣鸡腿堡”“香辣鸡翅”“劲爆鸡米花”3种产品上。北京市政府食品安全办公室、北京出入境检验检疫局立即紧急约见著名快餐公司A北京分公司的法定代表人，责令全市餐厅立即停止销售上述3种食品，待其调整配方并重新检测合格后方可上市。

（三）事件后续处置

2005年3月22日，著名快餐公司A产品新调料经过北京市食品安全办公室确认不含苏丹红，随即北京恢复了“香辣鸡腿堡”“香辣鸡翅”“劲爆鸡米花”3种产品的销售。

2005年3月23日，通过国家认证检验机构测试不含苏丹红的新奥尔良调料准备就绪，该产品3天内在全国陆续恢复销售。

2005年3月28日，著名快餐公司A在全国16个城市，同时召开新闻发布会，宣布经专业机构对公司几百种相关品项检测，证实所有产品不含苏丹红。公司查明所有问题均来自国内产品供应商C公司。C公司提供的两批含苏丹红的辣椒粉被用在了著名快餐公司A的新奥尔良和香辣产品中。会上，著名快餐公司A宣布制定了相应食品安全措施，全力防范今后类似事件的发生。

2005年4月6日，依据中央电视台《焦点访谈》报道，所有著名快餐公司A调料中的苏丹红一号均可追溯至广州某食品有限公司。该公司以工业原料违法假冒成食品色素，销售给河南驻马店某调味品有限公司用于辣椒粉加工；再经过安徽某有限公司进行包装后，卖给国内产品供应商C公司，从而发生了苏丹红事件。

2005年4月9日，经查实，广州某食品有限公司一直使用“苏丹红一号”含量高达98%的工业色素“油溶黄”生产辣椒红一号食品添加剂，而此食品添加剂正是此次苏丹红事件的源头。该公司的两个主要涉案人员于4月9日被公安部门刑拘，苏丹红事件到此尘埃落定。

我国GB 2760—2014《食品安全国家标准　食品添加剂使用标准》明确禁止苏丹红作为食品添加剂使用。卫生部提醒食品和食品添加剂生产经营者应严格遵守法规标准，不得将苏丹红作为食品添加剂生产、经营和使用。各地卫生行政部门应加强对辖区内食品生产企业的监督检查，发现违法销售和使用含苏丹红食品的行为要依法严厉处罚。

参考文献

[1] 吴楚平．“苏丹红一号”事件[J]．食品科技，2005(9)：28-30.

[2] 丹丹．肯德基针对苏丹红调查结果提出改进措施[J]．中外食品，2005(4)：14.

[3] 尤利．“苏丹红1号”与食品安全[J]．人民公安，2005(7)：8.

[4] 郭桢，彭聪，徐小艳．食品中工业染料苏丹红Ⅰ号的检测与监管对策[J]．广东农业科学，2005(2)：5-7.

二、教学指导意见

（一）关键问题（教学目标）

通过本案例教学使学生学会独立思考，全面认识非法添加物——苏丹红的危害，掌握我国食品添加剂标准、企业食品原料供应链风险与风险管理、食品信息追溯信息制度建立、食品安全应急管理制度等方面的知识，学会定位分析食品生产过程中的危害因素，制定并执行危害解决措施，合理处置食品安全应急事件。

（二）案例讨论的准备工作

1. 学生讨论内容的准备工作（食品安全相关知识，要求提前自主学习，独立完成作业）

（1）食品添加剂的概念、特征及主要作用，国家食品安全标准中的食品添加剂的相关规定，如种类、使用标准、应用范围等。

（2）苏丹红的物理性质、化学结构式、与体内物质的相互作用、危险性评估及检测方法。

（3）食品分析中苏丹红样品的采样原则及实施要求。

（4）我国《食品安全法》关于食品安全主体责任的规定。

（5）我国食品企业 HACCP 的原理、实施步骤，以及产品质量追溯体系。

（6）食品加工过程中食品供应链的主要环节以及可能引发的危机。

（7）我国食品安全管理的政府职责划分及相应食品安全应急管理制度。

（8）我国食品添加剂法律法规与西方发达国家相关法律法规的区别。

（9）我国关于违法添加非食品添加剂的处罚规定及消费者权益维护。

2. 学生讨论问题的准备工作（要求以小组的方式准备，但内容不限于以下选题）

（1）什么是非法食品添加剂，在食品中经常出现的非法添加物有哪些？

（2）面对苏丹红事件给公司带来的负面影响，公司采取的哪些积极对策，对于降低产品危害风险，重塑企业形象起到积极作用？

（3）为什么国外就苏丹红色素食品向消费者发出警告，并公布可能含有苏丹红产品清单近一个月后，国内食品监管部门才查出相关产品的问题？

（4）该案例中企业在供应链哪些环节出现了漏洞，食品企业的供应链管理应该如何加强？

（5）政府在整个事件中发挥了哪些作用？是否还有改进之处，如有，应该如何改进。

（6）媒体在食品安全事件的作用有哪些？其在发挥监督政府指导、企业管理等方面的角色？

（7）企业、媒体和政府相关部门在处理该事件时的合作关系怎样？消费者的权益如何正确维护？

（8）近年来，苏丹红事件层出不穷，我们该怎样看待非法添加物引起的食品安全问题？

（9）政府相关管理部门是否应该建立潜在的检测非法添加剂的检测方法，并采取哪些措施预防生产企业在食品生产中违法添加非食用物质。

（三）案例分析要点

1. 引导学生分析此事件是什么性质的食品安全问题事件

食品安全问题本身被分为物理性、化学性、生物性污染和非法添加等几大类。但从法律角度就要确定发生安全事件的责任问题，因此要引导学生学习相关法律，分析事件的起因，明确事件的性质，确定事件的主体责任和相关的法律责任。

2. 引导学生认识该类食品安全问题产生的原因及其影响

该类食品安全问题产生的主要原因是天然辣椒制品的红色稳定性不够，一经烧煮颜色就很暗淡。而"苏丹红一号"的红色非常接近辣椒的红色，加之苏丹红价格便宜、着色强且稳定性强，不法商贩为了长期保持食品的鲜艳度，便在辣椒调料里添加"苏丹红一号"。

经毒理学研究表明，"苏丹红一号"具有一定的毒性和致癌性，我国早在 1996 年出台的 GB 2760—1996《食品添加剂使用卫生标准》（现已被 GB 2760—2014《食品安全国家标准　食品添加剂使用标准》代替）中就规定，禁止将"苏丹红一号"作为食品添加剂用于食品生产。欧盟各国已禁止在食品中添加"苏丹红一号"。

3. 法律、法规滞后，检测标准缺失，引起的符合食品卫生标准的产品可能存在食品安全的问题

我国在 2018 年和 2021 年修订了《食品安全法》，出台了食品安全的管理措施及具体的处罚办法。但是，目前相关部门在食品安全监管过程中，一般通过委托专门检测机构来抽检判定一种食品是否有违法添加或滥用食品添加剂，但是由于标准只针对已知的可能违法添加的非食用物质和易滥用的食品添加剂，对未列入标准检测范围的未知违法添加物质难以检出，这一问题导致食品生产中的非法添加物问题不断发生。因此，需要建立或完善食品添加剂清单，并制定、完善相应的使用规章制度，才能从源头和过程上保证食品的安全生产和规范流通，为食品安全构筑坚实有力的法律屏障。"苏丹红"事件也反映了当时的法律法规不完全适用的问题。即当时出台的 GB 2760—1996《食品添加剂使用卫生标准》中，虽然明令禁止将苏丹红用于食品生产。但当时我国还没有统一的关于苏丹红的检测方法和标准，所以，类似苏丹红这样被禁止的，或者不适宜加入的非法添加物在食品安全标准中没有体现。即使在事件出现后检验食品是否含有苏丹红，也主要是依据欧盟的标准。

4. 缺少健全完善的食品信息追溯制度，对于食品安全管理危害巨大

所谓食品信息追溯制度，是指在食品生产、加工和销售的各个关键环节中，对食品以及可能成为食品组成成分的所有物质的信息进行溯源或追踪，在需要的情况下，还可为有资格的机构提供溯源相关信息。

食品信息追溯制度不等同于某类食品的信息追溯系统，并非一个计算机管理程序或一定范围之内的食品信息的掌控和追踪。它应当是技术上和法律上两个层面相互衔接，相互依存的有机统一体。通过技术明确食品信息的记录、查询和标识，方便消费者以及监管部门能够随时随地对食品安全的相关信息进行追溯，保证第一时间在出现食品安全问题后抓出源头，迅速解决；通过法律保障食品信息的真实性和食品信息追溯体系的正常运作，完善食品添加剂的销售者、使用消费者登记备查机制，建立严格的食品溯源制度，对不遵守规程的违法行为者明确追究相应的法律责任，从根本上构建食品安全的信用体系。

5. 食品安全与卫生的监督管理职能交叉导致执法疲软和空缺，是引发食品安全问题的一个重要因素

我国食品的监督管理涉及卫生、农业、质检、工商、检验检疫等部门。多年来，这些部门之间一直存在监督管理职能交叉的情况。就本次苏丹红事件而言，其明显暴露出食品监督管理方面的问题。国外苏丹红非法添加事件最早出现于 2003 年 6 月法国某公司生产的辣椒制品中，而且 2003 年 7 月起欧盟的进出口条例对食品中苏丹红的检测做了明确的规定，鉴于苏丹红的致癌性，我们国家相关部门应及时制定食品中不得检出的具体规定，并且制定相应的检测标准方法，这都将有利于食品的卫生监督监测和行政执法。然而，苏丹红事件在我国造成很大的影响后，才引起了相关部门的重视。随后，我国食品中苏丹红染料检测标准方法在很短的时间内出台，而且在检测种类等方面优于欧盟标准，说明并不是技术方面的问题，而是相关管理部门对非法添加物危害的警惕性不高、重视程度不足和监管没有到位。

6. 食品企业主体的食品安全管理责任意识不到位、法律意识淡漠以及利益驱动引发大量食品安全事故

检出苏丹红的企业以“食品检验报告单上从来没有苏丹红这个指标”“苏丹红含量很低不会影响人的健康”“关于苏丹红的定性，国家还没有具体规定”等作为借口规避责任，其实都是企业追求高额利润而不惜铤而走险。苏丹红事件充分表明食品企业经营者食品安全知识的匮乏、法律意识的淡漠。政府相关管理部门首先应该通过相关食品安全、法律等知识培训，帮助企业经营者树立守法意识、诚信意识、责任意识；其次是加强管理，对食品生产企业可能存在的食品安全风险及时进行评估、提示、预警，将其消灭在萌芽状态；最后是要严厉打击食品非法添加行为，对发现的违反食品安全的各种违法行为要及时查处，严格规范食品添加剂生产经营和使用。

（四）教学组织方式（对在课堂上如何就这一特定案例进行组织引导提出建议）

1. 案例引入

通过案例分析及相关问题，结合相关文献和资料的阅读，强化 2005 年苏丹红事件的认识。

2. 课时分配

该案例教学时数建议 3 ~ 4 学时，案例展示、巩固知识 1 ~ 2 学时，讨论和总结 2 学时。

3. 教学流程

（1）发放案例正文，学生进行仔细阅读，利用多媒体及板书提示事件发展关键词，由学生补充事件详细内容，使学生理清事件发生、原因调查、最终处置或解决问题办法等整个过程。

（2）讨论方式（角色模拟、分组讨论）　根据案例内容，可以依据企业、媒体、消费者、政府管理者等进行角色模拟，给学生建立直观、鲜明的印象；依据本案例讨论的问题进行分组，针对每个问题由小组结合实际给出自己论点。

（3）讨论总结　由任课教师完成，主要总结本案例体现的食品非法添加引发的关键问题，可借鉴同案例的对比分析，重点加强食品添加剂合法使用、危害引发因素、合理解决方案等知识要点。

（五）案例启示

1. 要加快完善食品安全检测标准体系建设

早在 1996 年，我国出台的 GB 2760—1996《食品添加剂使用卫生标准》中就规定，禁止将苏丹红作为食品添加剂用于食品生产。然而，由于国家有关部门没有出台统一的检测方法和标准，致使检测部门无章可循，所以直到苏丹红事件发生前，从未有部门对苏丹红进行过检测。此次事件给我们最直接的启示是要加快完善食品安全检测标准体系建设，因为此次涉苏丹红的许多食品实际上出厂前都经过了质检部门的检测，如果我们的检测手段和检测标准能更完善些，那么，这起事件完全能够避免。

2. 企业食品供应链风险与风险管理存在危机，需建立和完善食品可追溯体系

本案例公司供应商供应的食品原料中发现含致癌的化学染色剂苏丹红，说明供应链风险能够引发严重的食品安全问题。我国供应链管理水平远远落后于美国、日本等发达国家，食品供应链管理更是刚刚起步，有待于逐步试验和完善。针对食品供应链存在的风险，应逐步加强企业对供应商的管理，首先要严格制定上游供应商准入标准，严防不合格供应商混入供应链；其次，提高企业供应链的风险管理，需对每个供应商或每份采购的原料进行风险评级；最后，对跨国公司来说，还必须加强全球采购链的一体化，如果不能从整体把握全球的采购链管理，任何国家任何环节出现漏洞都会导致严重后果。

食品生产企业建立全程可追溯体系，是提升品牌知名度、保障食品安全的重要途径。企业应如实记录并保存进货查验、出厂检验、食品销售等信息，充分利用一物一码技术、区块链技术、物联网技术，解决产品防伪、原料窜货、分销管理等问题，完成生产过程中智能食品质量追溯系统的建设，保证食品生产全周期可追溯并形成一个完整产业链的食品安全监管体系。

3. 法律的严肃性问题

通过本案例需进一步强调法律是神圣不可侵犯的。本案例中违法添加苏丹红的原料供应商无视法律的尊严，触碰法律的高压线，必将受到法律的严惩。只有通过法律手段，才能全面监管食品生产、加工、销售的各个环节，才能从源头和过程上保证食品的安全生产和规范流通，为食品安全构筑坚实有力的法律屏障。

4. 勇于承担责任

该案例是一起由于企业自身行为不当而引起的危机。本案例所述公司由于进料渠道检查把关不严，在制作烤翅和烤鸡腿堡的辣椒粉中含有非法食品添加物“苏丹红一号”。虽然事件的起始是部分食品生产供应商不能遵纪守法，不能严把食品安全关所致，但本案例公司单方面管理不善也是造成此次危机事件的重要因素。所幸，该公司遭遇此次危机时反应非常迅速，所实施的各项公关措施环环相扣，且处置得当，塑造了“一个有信誉和敢于承担责任的企业”的良好形象，其勇于担责的主动态度对摆脱危机起到了至关重要的作用。

5. 突发情况应对能力

本案例公司对所属多家餐厅进行抽检，发现相关食品调料中含有“苏丹红一号”成分后，立即在全国所有餐厅停止售卖“新奥尔良烤翅”和“新奥尔良烤鸡腿堡”两种产品，而且销毁所有剩余调料，防止问题调料回流到消费渠道。同时，通过媒体和餐厅，发布《有关“苏丹红一号”问题的声明》，向公众致歉，并遵照食品安全相关法律规定承担主体责任。事发第 9 天，本案例公司即通过国家认证检验机构测试不含苏丹红的新奥尔良调料准备就绪，该产品 3 天内在全国陆续恢复销售。事发 2 周，本案例公司即宣布实施相关措施，防范部分食品生产供应商不能严把食品安全关带来的隐患。

第五章

食品安全管理类案例

案例十三　鲜活水产品冷链物流技术

学习指导：随着社会的发展和科技的进步，人们对鲜活水产品的需求逐渐提高，从而推动了我国鲜活水产品冷链物流技术的创新发展。本案例介绍了广东何氏水产有限公司自主研发的鲜活水产品低温暂养、纯氧配送技术。何氏水产经过多年的经验总结和不断的技术创新，形成了一套完整的鲜活水产品配送全程可追溯供应链，并制定了相关国家推荐标准。何氏水产率先通过物理方法解决了活鱼运输过程的食品安全问题，积极推动了我国活鱼冷链物流产业快速发展。通过本案例教学使学生学会主动学习和思考，了解我国冷链物流存在的问题，掌握水产品保鲜和冷链物流安全控制相关技术。教师通过带领学生分析何氏水产鲜活水产品冷链物流运作流程，启发学生主动思考技术创新给水产品冷链运输行业带来的影响，提高学生的职业伦理意识和创新创业的能力。

知识点：冷链物流技术，水产品安全，活鱼低温暂养和纯氧配送技术

关键词：鲜活水产品，冷链物流，低温暂养，纯氧配送

一、案例正文

（一）概述

改革开放以来，我国水产业发展迅猛，1980 年，我国水产品总量仅 450 万 t，人均水产品占有量仅 4.59kg，2019 年我国水产品总产量已达 6480 万 t，人均水产品占有量达 46kg 以上，是世界人均占有量的两倍（世界人均占有量仅为 23kg）。目前我国水产品中淡水养殖的占 47% 左右，其中，优质淡水鱼主要产自广东珠三角地区，以桂花鱼和加州鲈鱼为例，2019 年全国总产量大概为 34 万 t 和 50 万 t，其中 60% 以上产自广东省。桂花鱼和加州鲈鱼的主要消费市场以北方为主，珠三角地区养殖的商品鱼除了少量供应本地市场外（约 5%），大部分销往北京、上海、西安、郑州、成都等水产品批发市场。随着国家经济增长和人民生活品质的提高，人们也越来越重视食品安全问题和食材的新鲜程度，对于鲜活水产品的需求也越来越大，对鲜活水产品流通效率提出了更高的要求。但是鲜活水产品仍存在下列问题。

1. 我国鲜活水产品流通体系滞后

鲜活水产品，若贮运不当会造成死亡且失去食用价值。然而我国的鲜活水产品流通体系长期滞后于其他物流业的发展，在一定程度上抑制了各地水产业的发展和居民对优质水产品的消费。做好鲜活水产品物流配送，一方面要尽可能地满足长距离运送需求，做到保质保安全；另一方面还要降低物流成本，增加经济效益。近年来，尽管我国的鲜活水产品物流取得了长足的进步，但还存在很多困难和问题亟待改进，其中鲜活水产品物流技术装备差，供氧技术落后，冷链温控效果不稳定，规模小，分散性强，损耗大，成本高，缺乏统一的物流作业标准，食品安全问题频发等问题，使鲜活水产品的物流难以满足日益发展的市场需求。因此，要实现鲜活水产品的远距离流通，提高流通效率和资源利用率，必须进行技术突破和创新。

2. 当前鲜活水产品质量存在安全问题

从我国水产品质量安全问题发展的过程看，随着水产养殖规模扩大，集约化程度提高，养殖者、养殖环境、养殖方式、良种选育、病害防治、养殖用药、饲料生产等方面存在的诸多矛盾和问题逐步暴露，成为影响水产品质量安全的源头性、基础性因素。此外，在储藏环节，水产品本身带有的或贮运过程中污染的微生物，在适宜条件下生长繁殖，分解鱼体蛋白质、氨基酸、脂肪等成分产生有异臭味和毒性的物质，致使水产品腐败变质，食品安全风险增加，甚至会威胁到人们的生命健康。食用了问题水产品，有可能出现细菌或者病毒性食物中毒，严重的会导致死亡。如夏季海产品中副溶血性弧菌的带菌率平均高达90%以上，易引起食物中毒。滤食性贝类在滤水的同时也易富集病毒。在运输过程中，我国目前80%的水产品在没有冷链保证的情况下运销，为了提高鲜活水产品的存活率，不法商家常在运输水体中加入孔雀石绿、福尔马林等违禁药进行杀菌保鲜，严重违反《中华人民共和国食品安全法》，危害消费者的健康。

（二）鲜活水产物流技术

该案例的主体是广东何氏水产有限公司（简称何氏水产）。该公司创建于1995年，是集淡水鱼养殖、收购、暂养、物流配送为一体的综合性企业。公司经营的主要有鳜鱼（桂花鱼）、鲈鱼、黄骨鱼、鮰鱼、黑鱼等品种。公司设有质量检测中心、工程技术研究中心，围绕鲜活水产品生产和销售公司设置了分级筛选、循环水质处理、低温暂养、自动化包装生产车间。企业配备系统化运输供氧设备和大型冷藏车队，配送网络遍及北京、上海、福州、南京、郑州、西安、昆明、成都、长沙等国内50多个城市，年营业额超过20亿元，平均日产量15万kg，最高日产量可达35万kg，是我国市场辐射广、规模大的鲜活冷链物流企业。

何氏水产鲜活水产品冷链物流技术的形成和完善经历了二十多年的发展历程：1995—2005年，何氏水产首先采用了飞机进行鲜活水产品物流运输，由于飞机运输空间小，成本高，后来改用火车运输，虽然火车运输量大，但是运输时间长，且中转次数较多，成活率低，客户提取货物也不方便。2006—2010 年，何氏水产进行转型升级，采用了冷链汽车进行鲜活水产品物流运输，将活鱼装入冷藏车的大鱼缸中运送，这一措施解决了运输的灵活性，但是仍然存在诸多问题，例如，运输密度较低，路途颠簸导致鱼受惊吓相互碰撞，鳞片损伤较大，加之氧气浓度低，鱼的成活率不高。2011 年至今，何氏水产首创了活鱼低温暂养、纯氧配送专利技术，这项技术的核心点在运输前采用低温暂养技术使鱼活动量减少，随后将活鱼和水按 1:1 的比例放在泡沫塑料包装箱进行包装，并且在每个箱体里放置增氧管，为鱼提供氧气，维持了鱼的基本生存。在运输过程中，冷链车上采用专门的 GPS 系统，实时监控指挥车辆运输路线，缩短运输时间，减少路途中水产品的损耗，从广东鱼塘到北京，整个过程不超过 48 小时，鲜鱼存活率达到 99%，实现了“南鱼北运”产业化发展，保证了百姓餐桌的食品安全。何氏水产以“鲜、快、广”为特色，通过不断研发创新，保持着中国活鱼冷链物流行业的领跑优势，企业先后主持或参与制定 3 项国家标准，建立了 129 项企业标准。

1. 鲜活水产品冷链物流的运作流程

何氏水产为保证鲜活水产品质量，研发了集检测、采购、抽检、暂养、运输、销售和品质监控于一体的全程可追溯供应链管理（Supply Chain Management，SCM）平台。何氏水产冷链物流运作流程如图 2 所示。

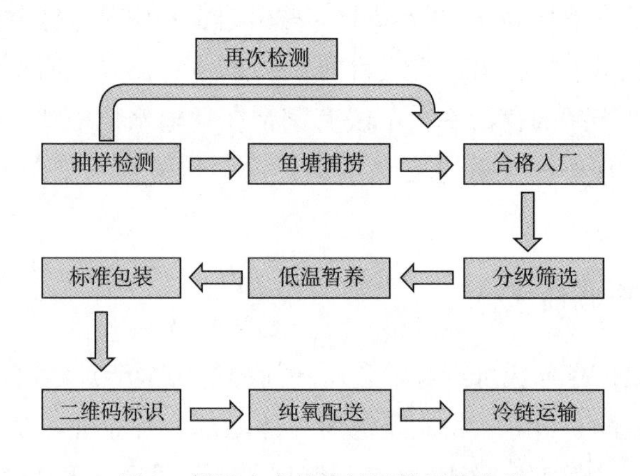

图 2　鲜活水产品冷链运输运作流程

（1）养殖源头把控　通过龙头企业的带动，以“公司 + 基地 + 标准 + 农户”的经营模式，与养殖户签订标准化养殖经营合同，将成千上万农户连接在一起，实现连片养殖。在农户中推广应用“七个统一”标准，即统一种苗选育、统一饵料选择、统一水质控制、统一疾病防控、统一技术培训、统一成鱼回收和统一市场销售。同时配备养殖池塘、增氧机、自动投饵机等装备设施；养殖过程中不定期邀请高校、科研院所的水产专家到塘头进行技术指导，进一步保障养殖成功率和产品质量安全。通过活鱼冷链物流远程配送，建立养殖户和市场对接的联动机制，实现了当地水产业良性发展和带动农户致富的双赢。

（2）质量安全检测　建立标准化的质量检测中心，在产品收购前，安排专业的检测员按照国家标准对每个池塘进行抽样检测，检测的药物残留指标包括孔雀石绿、氯霉素、呋喃唑酮、呋喃西林、呋喃妥因、呋喃它酮、磺胺类总量、氧氟沙星、诺氟沙星、洛美沙星、培氟沙星等共12项，并对鱼的规格进行筛选，只有抽检合格的鱼才进行收购，捕捞后进入厂区的活鱼还要抽检一次，这样就保证进入市场的鱼都是符合安全标准的。

（3）低温暂养　低温暂养是整个冷链物流最关键的环节，暂养的目的是降低鱼的活性，让鱼适应高密度环境，为后面配送做准备。首先将鱼塘收购回来的活鱼在运输车上用冰块进行第一次降温保鲜，然后进行规格分拣后进入暂养车间，暂养池的水温逐步降低到8～20℃，鱼在暂养池的暂养时间为20～30h。鱼入池4h后开始降温，降温分三个阶段进行，每个阶段在相应的水池中进行，每个水池的水温按0.15～0.3℃/h的速度下降，当达到一定温度后水温保持不变，活鱼经过一定时间的适应后，会被转移到下一阶段水池继续降温。供氧方面，在鱼刚入池时，需要调大供气，池中的水能够明显上涌，当鱼入池2h后，调小供气量为原来的1/2；当鱼入池6h后，停止供气，水中溶氧≥3mg/L。在低温暂养过程中不投放饲料，鱼能够自然排泄，提高肉的品质。降温会逐渐降低鱼的新陈代谢，鱼的需氧量维持在一个较低的水平，基本处于半休眠状态。

（4）纯氧配送　何氏水产的活鱼运输采用智能温控和微孔纳米增氧管供氧技术，并运用车载监控系统，全程监控运输过程的水温、溶氧指标。

经过降温进入半休眠状态的活鱼，被放入特制活鱼包装箱。为减少鱼体碰撞损伤，采用体积较小的泡沫塑料箱进行分装，每箱可装25kg鱼和25kg水。包装箱为长方体，分为箱体和盖体，箱体内有防水塑料膜，盖体上设置有进气孔和出气孔。将活鱼和水按1∶1的比例混合密封包装，箱内的水温控制在4～19.5℃，水的盐度为1%～5%，水质pH为5～8，水中氨氮含量<0.6mg/L，水中亚硝酸盐的含量<0.2mg/L，水中溶氧≥3mg/L。

纳米供氧技术是近十年发展起来的池塘养殖技术，主要采用新材料制成的微孔纳米增氧管，通过曝气产生的高压气体形成微气泡，把氧气充分溶解到底层水体中，大大提高水体的溶氧含量，改善鱼塘的生态环境，减少鱼病的发生，实现增产增收。该技术可以大大节约能源成本，在达到相同溶氧指标的情况下，所消耗的电能仅为普通增氧技术的1/3。何氏水产公司将此技术用于活鱼运输，每一个箱体里面插一根微孔纳米增氧管，每米长的增氧管上有1000～1500个微孔，微孔直径为0.02～0.045nm。纯氧经过纳米管微孔，在活鱼箱底雾化成微泡，保证箱里的水体溶氧充足，分布均匀，使活鱼在运输过程能够正常呼吸。箱体由内向外逐层码放，每排可放4个活鱼箱，可码垛6层。采用统一规格的箱体能够充分利用运输集装箱空间，容积利用率达95%以上，每车可运输鲜活水产品10～15t，还可同时装运多种鲜活水产品，避免混装。成功突破了鲜活水产品长达50h高密度低温运输的技术难题，在不添加任何物质的情况下，使存活率达到99%以上。鲜活水产品经货车运到目的地后，再经过简单的升温，鱼从半休眠状态苏醒，立即恢复鲜活状态。

2. 鲜活水产品冷链物流的效果

何氏水产利用现代化装备使淡水活鱼流通获得了较好的效果。其中在效率方面，完成全程的淡水活鱼流通过程最多需要80h左右，虽然总体流通时间较长（主要是运输距离所致），但在各个环节的时间、人力、物力等的分配耗费、利用效率都较为合理，总体的投入产出比也较为合理；成本损耗方面，单位鱼体承担成本约1.61元/kg（价差2.0～4.0元），固定成本和可变成本的比例约为5:4，鱼体损耗仅为12%，在各个环节都基本达到了最大存活率；在质量安全方面，何氏水产也拥有自己的质量安全检测实验室，在淡水活鱼起鱼之前，会在预定池塘做抽样检验，检验合格之后才会达成交易，能够较好地保障鱼体质量安全；在能源消耗和污染排放方面，采用了气水循环技术，能够实现水资源的节约利用，单位鱼体承担的能源消耗量仅为0.04元/kg。

（三）保障鲜活水产品冷链运输安全的措施

1. 应用“互联网+农业”新模式打造全国性的智慧物流平台

广东佛山的西樵镇，是岭南文化典型代表之一“桑基鱼塘”的发源地，水产养殖业享誉全国。但是鲜活水产品的“南鱼北运”路程长、路况复杂导致成活率低、成本高，一直是困扰水产业的巨大难题。交通堵塞等突发状况往往造成运输成本大大增加。何氏水产企业直面困难，积极应对，加大投入力度，应用“互联网+农业”新模式打造了全国性的智慧物流平台。通过全球定位系统（GPS）定位和大数据运算，科学预判路况，选择最佳运输途径，并做到实时预警和及时调整运输路线，大大缩短配送时间，真正实现运往北京等地的活鱼“次日达”。智慧物流平台不但能解决信息不对称问题，还可以满足客户的差异化、个性化需求，带动了鲜活水产品产业的发展，实现了农户的增产增收，为现代农业发展的转型升级做出了积极的贡献。

2. 质量安全追溯系统

我国的水产资源极其丰富。水产品及其加工制品，因鱼体内富含多种酶类，水分含量较多，又因捕捞、运输、购销等环节复杂、周期长，污染微生物的机会增多，故鱼死亡后比畜禽更易腐败变质，食用后极易造成中毒。为了保障鲜活水产品的食用安全，何氏水产企业基于物联网建立了属于自己的一套质量安全追溯系统平台。利用这套系统，生成二维码标签，消费者通过手机扫描二维码可以查询到鱼的全部信息，从鱼塘水质、鱼质，到每批次鱼产品的种类、下苗时间、生产过程、回收数量等信息，以及每一批鱼的分类状况、暂养池编号、运输目的地，甚至包括运输过程中车载监控系统对鱼信息跟踪等。建立系列检测流程包括销售部提供订单数据、采购专员抽样检测、品质部抽样检测、检测氯霉素（Chloramphenicol，CAP）、呋喃唑酮代谢物（Furazolidone，AOZ）、孔雀石绿（Malachite Green，MG）三项重要指标、出具检测报告。最终实现“生产有记录、流向可追踪、质量可追溯、责任可界定”的食品安全可追溯目标。

3. 食品安全管理体系认证

坚持“质量就是企业的生命”的理念，积极响应国家食品质量安全政策，建立现代化的质量安全监测中心，并积极引进高端技术人才和仪器设备，从养殖源头到销售终端始终遵循 ISO9001 质量管理体系、HACCP 体系，质量管理贯穿“从养殖到餐桌”全链条，向消费者提供放心鱼、安全鱼。

4. 标准化建设

积极开展标准化工作，通过产学研合作，参与制定和实施 GB/T 34767—2017《水产品销售与配送良好操作规范》、GB/T 36192—2018《活水产品运输技术规范》、GB/T 34770—2017《水产品批发市场交易技术规范》3 项国家标准，以及 T/FSAS 19—2018《鲜活水产品冷链物流技术规范》广东省服务业地方标准、WB/T 1100—2018《活体海产品冷链物流作业规范》行业标准，建立了 129 项企业标准。

2014 年，由何氏水产承建的“国家桂花鱼养殖综合标准化示范区”落户于广东省佛山市南海区。示范区全面建立了从养殖到冷链配送的标准体系，将桂花鱼的养殖、采购、暂养、冷链配送标准贯穿各关键领域和环节，按照标准进行生产和管理。通过指导养殖户按照标准规范进行养殖，示范面积不断扩大，带动当地水产养殖面积达 1.3 万多公顷，全市 70% 的养殖户实现了标准化养殖。通过示范区的带动和辐射作用，形成养殖业上下游产业链，实现农业增效，农民增收。

（四）活鱼冷链物流技术创新产生的影响

1. 对农业的影响

习近平总书记强调，我国是农业大国，重农固本是安民之基、治国之要。广东何氏水产有限公司以“公司 + 互联网 + 农户”的经营模式，一头连接农户，一头连接市场，通过技术创新和资源整合，解决了鲜活水产品运输的行业痛点，为农户和市场搭建了良好的交易平台，服务于“三农”，带动农户增收致富，推进了现代农业经济发展，为现代农业发展的转型做出积极贡献。

2. 对食品安全管理的影响

何氏水产通过多重检测、食品安全管理体系认证、标准制定、运输路况全球定位系统（GPS）及时调度、供应链管理系统（SCM）平台追溯，来保障从产地环境到暂养水质、从采购源头到销售终端的全链条质量把控，全方位杜绝食品安全事故的发生，为行业树立了良好标杆。

3. 对鲜活水产品冷链物流行业的影响

冷链物流是国家物流标准化中长期发展规划的重点标准化工程之一。传统水产品冷链物流由水上和陆上两部分组成，水上捕捞的货物在尽可能短的时间内进行冷冻加工或冷藏，由冷藏船运至港口，通过陆上冷藏车运至加工厂和水产品市场，然后运输到零售商店或超级市场的小型冷库或冷柜，最终到达消费者家庭的电冰箱。我国的冷链物流技术因国内长期以来“重生产、轻流通”的思想严重影响了冷链物流系统的快速发展，且存在冷链建设体系不完善、缺乏冷链物流操作的统一作业标准、冷链配置区域有限、冷链产值不高、冷冻率较低等问题。何氏水产冷链物流技术的创新打破了传统的冷链物流运输模式，运用供应链管理系统（SCM），将商品从原料采购到终端销售的所有活动进行整合，形成一个无缝的连接，使物流、商流、信息流、资金流以及单证流合为一体，从而提高整个供应链的竞争能力，解决了冷链产值低等问题，促进我国鲜活水产品冷链物流行业向高质量的转型发展。

4. 对水产品企业的影响

由于何氏水产企业在鲜活水产品冷链物流领域拥有先进技术，因而主导或参与制定了多项国家标准。2017 年，由广东省食安办、广东省食药监局、广东省海洋与渔业厅联合主办的“广东省水产品质量安全保障现场会”在佛山市召开，何氏水产作为流通标杆企业代表分享了“活鱼冷链运输模式”，共同交流和探讨广东省“产销对接”的新模式，为解决广东水产品运输安全的问题提供了技术支撑，也加快了冷链物流行业向高质量的转型发展，同时给其他水产品企业树立了榜样。

鲜活水产品冷链物流技术，是在市场需求的推动下，食品全产业链生产者以维护消费者饮食健康利益为指导理念，多学科、多行业交叉融合形成的物理保鲜技术。厚社会责任之德、包容互助、勇于创新的企业家精神使该技术日臻完善，广东的鲜活水产品才得以一年四季源源不断地“游”向全国居民的厨房和餐桌。

参考文献

[1] 时培芝，朱波．浅谈我国水产品的微生物污染与控制措施 [J]．中国市场，2017 (1)：222，227.

[2] 鲜活水产品冷链物流技术 [J]．海洋与渔业，2020 (6)：66.

[3] 梁博文．我国水产品冷链物流业系统的构建及问题分析 [J]．商界论坛，2013 (14)：296，265.

[4] 谢清玲，张文峰，曾涛．广东省水产品冷链物流供需现状分析 [J]．物流工程与管理，2020，42 (4)：96－99.

[5] 李学鹏，励建荣，李婷婷，朱军莉，王彦波，傅玲琳，陆海霞．冷杀菌技术

在水产品贮藏与加工中的应用［J］．食品研究与开发，2011（6）：173－174.

［6］崔和．水产品贮藏、流通环节的质量安全隐患与防范［J］．农产品质量安全与现代农业发展专家论坛论文集，2011，7－13（155－156）.

［7］王莹，王英．水产品质量安全问题及应对措施［J］．食品安全导刊，2021（15）：28－29.

二、教学指导意见

（一）关键问题（教学目标）

通过本案例教学使学生学会主动学习和思考，了解我国冷链物流存在的问题，掌握水产品保鲜和冷链物流安全控制相关技术。分析何氏水产鲜活水产品冷链物流技术和管理方法，启发学生主动思索技术创新给水产品冷链运输行业带来的影响，提高学生的职业伦理意识和创新创业能力。

（二）案例讨论的准备工作

1. 学生讨论内容的准备工作（水产品保鲜和冷链物流安全控制相关知识，要求提前自主学习，独立完成作业）

（1）食品安全标准中水产品污染的种类和限量制定的科学依据。

（2）国家食品安全标准中鲜活水产品的药物检测的相关规定。

（3）鲜活水产品现代冷链物流与传统物流的区别：

①我国鲜活水产品传统物流存在的食品安全问题与面临的挑战。

②鲜活水产品现代冷链物流中食品质量安全管理体系、标准规范、设备创新、物联网技术的整合应用和发展状况。

2. 学生讨论问题的准备工作（要求以小组的方式准备，但内容不限于以下选题）

（1）是什么促进了我国鲜活水产品冷链物流技术的发展？

（2）鲜活水产品冷链物流技术与传统水产品物流技术的区别是什么？

（3）鲜活水产品冷链运输中的关键技术创新点是什么？

（4）鲜活水产品可能会出现什么食品安全问题，企业又采取了什么措施？

（5）何氏水产企业是如何发现传统水产品冷链物流技术的痛点并逐步解决的？

（6）何氏水产企业的鲜活水产品冷链物流技术的创新给我国水产品物流行业带来了哪些影响？

（7）何氏水产企业在过去的十年中不断发展壮大的主要原因是什么？

（8）目前何氏水产企业积累了哪些优势？又可能面临哪些风险挑战？

（9）假如你是食品企业的负责人，你从何氏水产的案例中获得了什么启示？

（三）案例分析要点

1. 要引导学生分析我国传统鲜活水产品物流存在的问题

鲜活水产品冷链物流，是鲜活水产品在冷链环境下流通到消费过程中一直保持鲜活的状态物流。广东本地传统鲜活水产品运输往往采用圆形塑料鱼缸，体积大，供氧不足，鱼体易受伤，鱼存活率低，运输距离短。鱼在死亡后，会很快腐败变质，伴随着有害微生物的滋生，产生组胺等有毒物质，极易导致食品安全事故的发生。在教学中让学生主动了解我国传统鲜活水产品物流存在的问题和技术痛点之后，教师进一步引导学生分析鲜活水产品冷链物流技术创新的产生过程，通过分析问题激发学生的创造性思维，提高学生的职业伦理意识。

2. 引导学生了解广东何氏水产研发的活鱼冷链物流技术中的关键要点

该技术建立了“选址鱼塘→检测样品→鱼塘收购→二次抽检→卸鱼→低温暂养→打包→纯氧配送”的活鱼全程冷链物流系统化、标准化、规范化操作流程。

其中低温暂养是整个技术中最关键的环节。鱼在暂养池的暂养时间为20～30h，在鱼入池4h后，每小时水温降低0.15～0.3℃，当水温下降了2～2.5℃后保持水温不变一段时间，再将鱼转移到下一级暂养池继续降温；在暂养池中，水不断进行循环更换，暂养池内水的盐度为1%～5%，水质pH 5～8，水中氨氮含量<0.6mg/L，水中亚硝酸盐含量<0.2mg/L。在暂养环节让鱼自然排泄，提高鱼的品质，并逐渐降低鱼的新陈代谢，需氧量维持在一个较低的水平，让鱼基本上处于半休眠状态，保证活鱼进入远程运输前的最佳状态。其次是活鱼包装过程，主要采用环保保温箱，将活鱼和水按1∶1的比例混合密封包装，箱内的水温控制在4～19.5℃，水的盐度为1%～5%，水质pH 5～8，水中氨氮含量<0.6mg/L，水中亚硝酸盐含量<0.2mg/L，水中溶氧≥3mg/L。每一个箱体里面插一根微孔纳米增氧管，纯氧经过纳米管微孔，在活鱼箱底雾化成微泡，这些微孔直径为0.02～0.045nm。纯氧经过纳米管微孔，在活鱼箱底雾化成微泡，保证箱里的水体溶氧充足，分布均匀，使活鱼在运输过程能够正常呼吸，降低运输过程的死亡损失，成活率高达99%，保证了百姓餐桌的食品安全。

3. 鲜活水产品冷链物流技术规范的实施

鲜活水产品在冷链物流运输环节中，水产品的品质保障薄弱，因此需采取一些措施加以规范。本案例中广东何氏水产企业通过物联网技术，建立了一套从鲜活水产品的采购、检测、低温暂养、纯氧配送、销售和品质监控于一体的全程可追溯供应链管理平台，严格按照相关的国家标准和行业标准，从养殖到冷链物流运输的各个环节加以防控，尽最大努力避免食品安全事故的发生。

（四）教学组织方式

1. 问题清单及提问顺序、资料发放顺序

课前先发放问题清单，布置作业。发放案例正文，仔细阅读后，随机顺序提问，使学生了解何氏水产鲜活水产品冷链物流的创新点。

2. 课时分配（时间安排）

该案例教学时数建议2～4学时，案例学习、问题发放和作业共1～2学时，讨论总结1～2学时。

3. 讨论方式

根据案例内容，可以分组进行讨论，组长最后总结发言；各小组确定汇报内容，在汇报结束后可接受任课教师和同学们的提问并解答。

4. 课堂讨论总结

由任课教师完成，主要总结本案例的核心关键问题。

（五）其他

1. 计算机及视听辅助手段支持

推荐在课堂播放案例相关的视频。

2. 建议的板书

记录课堂分析要点和讨论结果，给出提示词。

3. 本案例启示

（1）活鱼冷链物流技术的创新

①活鱼低温暂养、纯氧配送专利技术：水产品最突出的特点是鲜活性，尤其是成品，然而由于时空差异、保活技术和运输装备欠缺、智能信息化落后、供应链管理不协调等诸多原因，南鱼北调、北鱼南运、海鱼运输的过程中出现了一系列难题，从而限制了水产品活体销售市场的发展。活鱼低温暂养、纯氧配送技术是将鱼塘收购回来的活鱼通过采用逐级降温技术来降低鱼的新陈代谢，利用智能温控技术和纳米供氧技术，在运输过程中让活鱼始终处于一个低需氧量水平，全程不换水，做到全程封闭温控管理，成功解决了鲜活水产品的远距离、长时间流通的问题。此保活技术在不添加任何药物的情况下，使鱼的存活率达到99%以上，实现“南鱼北运”产业化发展，是我国鲜活水产品冷链物流技术上的一个重大突破。该技术不仅提高了运输量和成活率，而且降低了运输成本，增加经济效益，进一步提高了我国活鱼运输产业的高质量发展和满足消费者高品质生活的需求。

②“互联网+农业”新模式：“互联网+农业”是将互联网新技术运用到农业中，包括饲料加工、动物生产、畜产品处理（包括屠宰、加工、存储、运输、销售等）、畜产品质量安全监控与监督等全产业链的各个环节，从而提升农业生产效率、产品质量、养殖效益、管理效能，实现规模化农业“智慧化”。广东佛山的西樵镇，水产养殖业享誉全国。但是鲜活水产品的“南鱼北运”路程长、路况复杂导致成活率低、成本高，一直是困扰水产业的巨大难题。交通堵塞等突发状况往往造成运输成本大大增加。在本案例中，企业应用“互联网+农业”新模式打造了全国性的智慧物流平台，通过

GPS定位和大数据运算，科学预判路况，选择最佳运输途径，并做到实时预警和及时调整运输路线，大大缩短配送时间，真正实现运往北京等地的活鱼“次日达”。智慧物流平台不但能解决信息不对称问题，还可以满足客户的差异化、个性化需求，带动了鲜活水产品产业的发展，实现了农户的增产增收，为现代农业发展的转型升级做出了积极的贡献。

（2）企业的鲜活水产品生产和冷链物流管理制度　完善和落实质量管理制度是保障食品安全的关键。广东何氏水产企业通过了ISO9001质量管理体系认证和HACCP认证，积极开展标准化工作，运用全程可追溯供应链管理平台，通过一物一码技术，实现产品全周期可追溯、产品详细信息可查询、问题产品能召回，提升供应链的透明度和供应效率，从而使消费者提高对该品牌的信任度。此外，企业还配合先进的鲜活水产品冷链物流技术、严格的检测制度、高效的车辆调度系统，保证了产品的质量和安全。

（3）响应国家战略，促进鲜活水产品产业可持续发展　“三农”工作和乡村振兴，需要以科技创新引领农业转型升级，转变农业生产方式，打造农业科技创新平台基地。水产品产业的发展，需要通过技术创新不断提升质量，深入推进水产养殖业绿色发展。何氏水产通过鲜活水产品冷链物流技术和农业物联网体系，解决了鲜活水产品过去不能解决的问题，也为农户和市场搭建了良好的交易平台，将广东省鲜活水产品输送到全国各地，并实现广东现代农业的“订单式养殖”，带动农户增收致富，造福社会。

通过广东何氏水产鲜活鱼冷链物流技术的应用推广，活鱼运输量大大提高，鱼水比例最高可达到1:1，降低了活鱼的运输成本，在广东省农村经济结构战略性调整、水产品冷链物流提质增效，以及现代渔业发展等方面产生了良好的经济、社会和生态效益，有力推动了广东省乃至全国水产品流通业的健康、快速和可持续发展。

该案例的教学除给予我们上述启示外，我们还可以引导学生进一步思考和讨论以下问题：

①该案例中的知识点有哪些是相关企业可以借鉴的？

②鲜活鱼冷链物流技术涉及到的科学原理有哪些，这些原理如何转化为生产力和经济效益的？

③通过本案例的分析，请思考在鲜活水产品冷链物流运输管理过程中有哪些是可以继续加强的，如果有，请提出具体措施。

④通过本案例的学习，您对我国水产品行业或者水产品企业有哪些建议？

案例十四　网格化食品安全监管的“晋中范式”

学习指导：本案例介绍了2011年山西省晋中市网格化食品安全监管体系构建过程。本案例重现了晋中市网格化食品安全监管体系的构建背景、顶层架构、政策举措和监管成效，通过阐述网格化监管体系的理论基础和总结晋中市网格化食品安全监管的特色和经验，揭示了网格化食品安全监管的“晋中范式”的内在逻辑。通过本案例教学使学生能够主动了解不同历史时期食品监管模式的发展脉络，掌握网格化食品安全监管的目标、具体内容和运行管理机制，深入探究食品安全监管体系构建的本质，进一步明晰网络平台及信息化技术在食品安全监管中的作用。

知识点：网格化监管体系，食品安全监管模式，协同治理

关键词：晋中市，网格，信息技术

一、案例正文

食品安全是国家公共安全的重要组成部分，是人民安居乐业的基本保障。如何顺应新形势发展要求，创新食品安全监管手段，提升食品安全保障水平，是当前亟待解决的公共治理难题。2011年，山西省纪委、监察厅确定晋中市为食品安全责任监督试点市。历时8个月，晋中市政府建成山西省首家食品安全责任监督网格化信息平台。这个平台的建立，构建起“分责、示责、知责、履责、问责”的食品安全责任监督新机制，有效促进了食品安全部门和企业两大主体的责任落实。时任中共中央政治局常委、国务院副总理李克强对晋中市实行全程问责的食品安全责任监督试点工作做出重要批示，山西晋中加强食品安全监管实行全程问责的经验做法值得总结。2012年1月5日，山西省食品安全责任监督现场会在晋中市召开，会议肯定了晋中市开展食品安全责任监督试点工作，并指出晋中市食品安全责任监督体系为推进食品安全责任落实、深化监督体系建设做了积极的尝试和有益的探索，为食品安全监督拓展了新的途径，注入了新的活力。

（一）网格化食品安全监管“晋中范式”的形成

晋中市是山西省的食品生产主要地区之一，肉、蛋、奶产量在“十一五”以来一直在全省名列前茅。同时，作为毗邻省会太原的城市，多年来一直是省城的“菜篮子”“米袋子”。同时作为旅游大市，晋中市每年还平均接待游客1500余万人次。

但2009年发生的问题奶粉事件，既给人民群众生命健康带来危害，也对当地食品企业的口碑造成严重影响。食品安全已经成为当时民生工程的重中之重和人民群众关心的焦点。作为食品安全的监管客体，晋中市食品工业基础差、底子薄、实力弱。食品企业规模小，总量水平低，发展相对滞后。相比食品工业产值占工业产值比重超过30%的发达地区，晋中市仅为3.1%，甚至低于山西省4.4%的平均水平。2011年，全市规模以上工业企业460家，其中规模以上食品企业18家，占规模以上工业企业总数的3.91%。全市规模以上工业企业实现主营业务收入1346.5亿元，食品工业实现主营业务收入42.5亿元，占比3.16%。2011年，晋中市有250户食品生产企业、15500户食品经营企业、5521个餐饮服务单位、25个畜禽定点屠宰企业和1988个小作坊。总体而言，全市食品企业小、散、乱，卫生状况差，食品从业人员的安全意识薄弱。

而作为食品安全监管的主体，晋中市政府急需在短时间内有效弥补政府监管缺失，摆脱政府监管失灵的困境，推动食品安全监管工作由“部门管理”转向“综合管理”。于是，如何有效解决食品加工小作坊、小摊贩监管缺失的“老大难”问题；如何解决食品安全监管中存在的职责交叉、责任模糊和监管空白等问题；如何实现食品安全责任监督由静态向动态、由结果向过程的根本转变；如何有效解决过程中监管行为随意性大、工作量化难、隐患发现难等问题；如何实现群众对食品安全事件的知情和监督？这些问题就成为晋中市委、市政府研究探索的重大课题。

食品安全是一个多因素、动态的复杂过程，与之相应，监管责任应当是一项严肃的、多个部门联动的系统工程，因此，履责监督也应当是一套有针对性的、多层次承担的、规范化的、科学的制度体系。为了做好食品安全责任监督试点工作，切实解决食品安全监管部门和监管责任人履职缺位的问题。2011年晋中市委、市政府和市纪委深入细致调研，遵循食品生产流通餐饮的内在规律，按照《食品安全法》部门分工、全程监管的要求，在广泛征求相关监管部门意见的基础上，确定了“市县政府负总责、纪检监察机关监督监管部门和责任人，监管部门和责任人监管食品生产经营流通餐饮者”这样一个工作思路，对食品安全的全程监管，由纪委监察部门实施全过程监督，强化安全责任，推动政府部门监管责任和企业主体责任的双落实，努力提升食品安全的科学化监管水平。同时为充分发挥食品安全责任监督工作成效，弥补食品安全监管、监督人员不足的问题，晋中市率先研发应用了食品安全责任监督网格化信息系统，依靠“制度+科技”的手段，实施对执法部门和监管责任人履责情况全程监督。

网格的概念在国内最早在20世纪90年代运用于信息技术领域。所谓“网格化”就是将管理目标对象划分为若干个单元格，每个单元格都具有实现某种管理能力的单元结构，同时根据不同单元格的权限归属于不同层级，所有单元格在层级的基础上连接成一个整体的管理目标网格。早在2004年，北京市东城区就引入网格化管理模式进行城市管理，其基础是建立数字技术平台，将城市划分为若干个网格，将政府权力下放，鼓励社区居民多元参与。随后，网格化管理在北京、上海、广州等一线城市广泛推广，并运用于综治维稳、交通治理、消防安全、安全生产、食品安全等多个城市管理领域。

网格化监管指的是把要监管的主体按照相应标准分成一定数量的网格，运用网络信息科技以及各个网格间的相互配合功能，实现各网格间的信息沟通和资源共享，从而构建能够充分调动各项资源、全面提升监管效能的社会治理体系。网格化监管的提出来自于信息化网格管理的理论，在根本上是一项优化完善社会管理模式的方法，它以综合信息服务这一平台为基础，既有便民服务的功能，又有整合协调社会资源的功能，凭借其不受部门约束的优势，打破了从前部门间管理规则、业务流程等限制，建立起资源互通和事项统筹的高效运行机制。

食品安全网格化监管结合了网格化监管与食品安全监管的概念，它借助已经搭建成熟的社区网格平台，将食品监管执法人员融入其中，实现基层食品药品生产、流通、消费等多个环节的全程无缝监管，其重点在建立查、防、控、处四个环节的紧密衔接，是一个各方责权分明、职责落实、回应迅速、全面覆盖的四位一体高效率系统，它能够对所辖区域开展全领域、无死角的监督管理，在源头以及根本上防范化解食品安全风险，提高监督管理能力，同时，它还能促进各方力量积极参与社会监督，促进多个相关部门共同建立起协调联动机制，营造浓厚的群众舆论监督氛围，对违法违规行为予以外部压力，形成社会共治的良好局面。

2011 年 9 月，山西省基层社会管理综合信息系统平台正式上线，该平台覆盖全省 11 个地市、90 个县区、1380 个乡镇/街道、27372 个村/社区，117000 个网格单元，成为山西省规模最大的应用信息系统。晋中市食品安全网格化管理平台依托综治平台，充分利用已有硬件设备和信息数据资源，实现快速的大范围上线应用。2011 年 9 月26 日，晋中市质量技术监督局办公室印发《实行“六化监管”凸显监督作用的决定》，决定要求食品企业内部引入网格化监管模式，建立从企业老总到具体操作人员的网格化监管体系。2011 年 11 月，晋中市质量技术监督局和太原信服科技有限公司合作开发具有自主知识产权的食品安全检验检测信息共享系统开始运行。2011 年 10 月 24 日，晋中市人民政府办公厅关于印发《晋中市食品安全违法案件线索举报奖励办法的通知》，开通举报电话，聘请 148 名信息监督员，乡镇成立食安办，配备了食品安全协管员，村级明确了食品安全信息员，将监督网覆盖到乡镇、社区和农村。

2011 年 12 月 31 日，山西省人民政府办公厅印发《关于学习借鉴晋中市试点经验进一步加强食品安全工作的通知》中指出：“晋中市对试点工作高度重视，市监察局及相关部门精心组织，扎实推进，攻坚克难，锐意创新，初步探索出了一套行之有效的做法，取得了明显成效。”至此，晋中市实现了食品安全责任监督网格化管理体系的初步建立，实施效果良好。

（二）网格化食品安全监管“晋中范式”的成效和后期完善

从 2011 年 4 月起，晋中市纪委监察局在山西省纪委的安排部署下，开展食品安全责任监督试点工作。晋中市研发应用了食品安全责任监督网格化信息系统，依靠“制度+科技”的手段，实施对执法部门和监管责任人履责情况全程监督，将13个职能部门的职责以及每个责任人监管的企业及责任，即“网格责任田”，通过网络向社会公开。

晋中市对食品小作坊、小摊贩、小餐饮“三小”监管的职责进行进一步细化和明确，并配合“网格化”监管制度的实施，将全市250户食品生产企业、15500户食品经营企业、5521户餐饮服务单位、1988个食品小作坊、25个定点屠宰企业，共计23824户食品生产经营单位的监管责任全部划分至13个监管部门1823名食品监管人员，实行责任到人。

晋中市制定《食品安全监管责任人监督办法》《晋中市食品安全责任监督网格化信息系统数据录入管理制度》，实行了监管责任人履职情况日记录、月考评制度，对监管部门和责任人履责情况实行过程检查、动态巡查、随机抽查、投诉倒查；出台《晋中市食品安全违法案件线索举报奖励办法》，开通举报电话，聘请148名信息监督员，乡镇成立食安办，配备了食品安全协管员，村级明确了食品安全信息员，将监督网覆盖到乡镇、社区和农村。

2011年晋中市先后投入4500万元用于食品安全工作，其中仅购置先进设备就投入2000多万元；各级各部门加大了科技监管手段的创新，如晋中市工商部门在流通领域全面实施“一票通”的电子监管，对食品批发的经营单位和大中型商场、超市以及一定规模的市场的采购、存储和销售等重点环节进行全程在线监管。同时，在责任监督工作的推动下，质监、工商、食药等部门还分别研发推广食品安全检验检测信息共享系统、流通环节电子化监管系统和餐饮服务环节电子台账管理系统，对餐饮企业和学校食堂的食品原料购入、库存都实行了实时监控，有效推进了食品安全监管的科学化进程。

网格化食品安全监管体系的建立为晋中市建成平台的两年来没有发生一起大的群体性食品安全事件做出了重要贡献，也为山西省纪检监察机关开展食品安全责任监督工作提供了有益借鉴。

此外，晋中市网格化食品安全监管体系在以后几年的实施期间，针对体系运行过程中出现的一些问题进行了不断完善。

1. 加强机制创新

2012年出台《晋中市质监系统食品生产加工企业网格化监督管理职责》，强化各部门责任落实与考核，进一步规范运行。从2013年开始，晋中市在对网格化食品安全监管体系实施1年过程中的经验得失进行深入调研、全面总结的基础上，对基层社会服务管理体系进行新的定位、升级，完善工作措施，强化责任落实，确保体系规范、高效运行。

2. 加强队伍建设

2014年晋中市转换网格定位，根据实际，将网格长职能定位到信息报告员、矛盾排查员、人口协管员、隐患发现员、法制宣传员“五大员”上，并采取定人、定岗、定责、定酬的方式，制定对基础网格长选聘、保障、履责、监管和考评的办法。

（三）网格化食品安全监管“晋中范式”的特色和经验

“晋中范式”的特色在于将网格化的优势在食品安全监管中得到了充分利用和展示。集中体现于“纵向一条线，凸显网上提速；横向四张网，强化格中提效”。首先将监管体系划分为市、县（区市）、乡镇（街道）和行政村（社区）、基础网格五级体系，通过数字化管理平台的契合，保障了五级贯通的高效运转。其次，通过编织责任网、服务网、和谐网和连心网构成了“晋中范式”监管网络的横向线。“晋中范式”经验可以归纳为建网联动、体系支撑和机制运行。

（1）晋中市除了建立市、县（区市）、乡镇（街道）和行政村（社区）、基础网格五个层级的组织系统，还包括市县两级网格办专职工作人员、基础网格长、网络服务团队、信息监督员、食品安全协管员等工作队伍，机构和人员的联网联动，实现了操作和管理的精细化。

（2）晋中市通过建立组织、责任、信息、保障、制度五大支撑体系，由晋中市纪委监察局牵头，以市、县（市、区）食药监局为龙头，以乡镇（街道）创设的食品监管站为纽带，以村（社区）安全协管员为基础，整合各部门力量，融合食品稽查队、食品犯罪侦查大队、食品安全检测中心、食品检验检测中心等资源，有力地支撑了网格化食品安全监管体系。

（3）晋中市以网格为单位成立监管单位，通过日常巡查和完善信息工作引领基层监管工作。通过设置信息采集→案卷建立→任务派遣→处理反馈→核查结案等网格事件处置闭环，快速有效处置各项食品安全事件。将各职能部门整合，把主要职能部门监管事项纳入网格化系统，实现部门联动。整合工作力量，组建专业技术人员和职能部门人员深入基层，提供点对点、面对面的服务。以平台检查和专项督查方式对各级网格组织机构联系走访、日常记载、信息上报、案件处理等情况进行效能评价，基本形成了三级政府、四级管理、五级网格的食品安全监管新体制。

参考文献

[1] 常明．基于网格化Z市食品安全监管及信息平台分析与设计［D］．天津：河北工业大学．

[2] 何京津．食品药品网格化监管体系完善研究——以宜昌市夷陵区为例［D］．武汉：华中师范大学．

[3] 王颖．我国食品安全监管途径创新研究——以山西省晋中市为例［D］．南

宁：广西大学.

[4] 陈丽生，白拴金. 晋中网格化社会服务管理模式的现状、问题与对策 [J]. 前进，2013 (7)：42－45.

[5] 赖铭思. 协同治理视角下食品安全网格化监管路径研究——以广东省廉江市为例 [D]. 南宁：广西大学.

[6] 李智. 晋中工商食品安全监管系统的设计与实现 [D]. 成都：电子科技大学.

[7] 王耀忠. 食品安全监管的横向和纵向配置——食品安全监管的国际比较与启示 [J]. 中国工业经济，2005 (12)：64－70.

二、教学指导意见

（一）关键问题（教学目标）

通过本案例教学使学生能够主动了解不同历史时期食品监管模式的发展脉络，掌握网格化食品安全监管的目标、具体内容和运行管理机制，深入探究食品安全监管体系构建的本质，进一步明晰网络平台及信息化技术在食品安全监管中的作用。

（二）自主学习

1. 学生讨论内容的准备工作（食品安全监管相关知识，要求提前自主学习，独立完成作业）

（1）我国食品安全监管的现状。

（2）网格化监管体系的定义及内涵。

（3）网格化监管体系的应用现状和范围。

（4）网格化食品安全监管体系的历史背景和具体内容。

2. 学生讨论问题的准备工作（要求以小组的方式准备，但内容不限于以下选题）

（1）如何理解和认识食品安全问题？人类对食品安全的认识经历了哪几个阶段？

（2）现代食品安全监管体制面临的困境是什么？

（3）世界各国食品监督管理体制的模式有哪些？

（4）食品安全监管应由政府主导还是交由市场激励？为什么？

（5）如何理解晋中市网格化食品安全监管体系的创新性和时代性？

（6）如果你是晋中市食品安全监管部门的负责人，你会采用什么样的食品安全监管模式？

（三）案例分析要点

1. 要引导学生分析我国当前食品安全监管面临的困境和存在的不足

食品安全关乎全人类的身体健康和生命安全，是全世界关注的重要议题。但是由于国情、体制不同造成各国食品安全监管模式有较大差异，同时不同地区之间也存在较大差异。因此，通过对比我国和其他国家食品安全监管体系的形成历程，引导学生从经济学研究视角、立法角度和政府职能作用观点三方面来具体分析我国当前食品安全监管面临的困境和存在的不足。

2. 引导学生认识网格化食品安全监管体系的整体构架

晋中市网格化食品安全监管体系的建立是依托食品安全网格化管理平台，以强化顶层设计为统领，加强食品监管信息化建设为手段，提升信息化工作能力与水平为目标，最终满足食品监管工作发展的时代需求。那么，根据此案例知识点，深入了解网格化食品安全监管体系的网格划分依据、运行管理方式、网格员的职责和工作流程。

3. 晋中市网格化食品安全监管体系建立过程中依托的信息技术

该案例中“网格化”食品安全监管体系的构建是以信息化为载体，依托社会管理综合信息系统平台，凭借“网格员”的基础信息采集为手段，实现了信息实时交互和追溯。整个过程充分利用了各种信息处理手段（采集、存储、汇总、对比、分析）和信息处理工具。引导学生分析信息处理目的、方法原理以及信息化的真正含义和推行的背后逻辑。

4. 晋中市网格化食品安全监管体系的实施过程和信息追溯反馈机制

该案例中介绍晋中市网格化食品安全监管体系的实施过程，引导学生分析食品安全网格化运行管理五级网络划分依据和各级网络责任明确和落实机制，通过分析现有网格化食品安全监管体系信息追溯反馈机制的创新性和可能存在的局限性，辩证地看待监管制度的设计和实施的矛盾，加深学生对食品安全监管复杂性的了解。

（四）教学组织方式

1. 案例准备

将拟定好的思考题题目列成清单按顺序发放给学生，同时发放案例正文。课堂要求学生独立完成作业，课堂上老师讲解案例正文。随机顺序提问，加深学生对案例内容的认识并引导学生进行深入思考。

2. 课时分配（时间安排）

该案例教学时数建议3～4学时，案例介绍1～2学时，案例分析讨论、归纳与总结2～3学时。

3. 讨论方式（情景模拟、小组式、辩论式等）

根据案例内容，可以组织学生到现场实地考察进行情景模拟，也可对就某一论点自己通过职位假设推演政策实施的过程及可能出现的结果；也可以采用角色扮演方式进行分组辩论，设置角色双方就某一观点或议题进行辩论，组长总结发言。

4. 课堂讨论总结

由任课教师完成，主要总结本案例的核心关键问题，可借鉴的经验和教训，应加强的知识和现在环境下的解决方案要点。

（五）其他

1. 计算机及视听辅助手段支持

推荐案例相关的视频在课堂播放。

2. 建议的板书

记录课堂分析要点和讨论结果，给出提示词。

3. 本案例启示

（1）现代化食品安全监管模式创新发展的要素　由案例可知，晋中市实施的网格化食品安全监管体系是现代化食品安全监管模式的一次创新，那么这次创新所需要的先决条件和支撑要素有哪些？总结起来共有3点。

①网格化监管模式的理论构建和实践：国外目前虽然还没有食品安全网格化监管的提法，但是发达国家的食品安全治理工作契合了网格化监管的理念。最重要的举措就是注重构建紧密的食品安全监管网络，实施全流程的监管。美国通过制度设计构建了治理机构与治理过程的多维网络，实现“从农田到餐桌”的全程治理，日本的监管制度是构建企业、政府、公众的合作治理模式，而欧盟倡导平等、合作、协调的理念，在食品安全治理上采用协同治理模式。

网格的概念在国内最早于20世纪90年代运用于信息技术领域。2004年，北京市东城区引入网格化管理模式进行城市管理。随后，网格化管理在北京、上海、广州等一线城市广泛推广。这些管理模式的实施为晋中市网格化食品安全监管体系创新提供了理论支持和实践指导。

②数字技术的发展及推广：数字技术的发展和其迅速推广是网格化管理模式实施的助推器。网格其实就是试图实现互联网上所有资源的全面连通，通过前台以服务对象的需求和监管需要为导向，建立快速响应机制，提供“一体化”服务，并通过后台资源共享、工作协同来支持前台的“一体化”服务。数字技术的发展为“网格化”管理模式有效推行构建了路径指引。

③食品检验检测信息化管理平台的搭建：食品检验检测信息化管理网络平台的搭建加强了网络机构的建设，网络的开放性有利于促进对于食品安全的监督，网络的共享性，有利于为食品检验检测体系消除壁垒，促进信息共享，方便不同部门之间的协调，提升食品检验检测体系运行效率。案例中，2011年11月，晋中市质量技术监督局和太原信服科技有限公司合作开发具有自主知识产权的食品安全检验检测信息共享系

统运行，该系统的运行将有效解决“分段监管”体制下，检测资源信息分割、部门间重复抽检、结论交叉等现象，能够将各监管部门在监测和日常监管中积累的海量数据有效整合，实现相互沟通和信息共享，具备了强大的食品检验检测数据实时共享、综合分析、风险分析预警等功能。

（2）协同管理在食品安全监管中的适应性　食品安全监管模式的变革往往反映了现有监管模式在应对当前食品安全形势困境和发展需求。我国当前社会的主要矛盾已转移为人民日益增长的美好生活需要和不平衡不充分的发展之间的矛盾。社会矛盾的转移，意味着政府要加快治理理念和治理模式的转型，食品安全监管同样不能例外。我国食品安全监管体制在实践中经历了多次的权力重构和组织架构优化，并通过制定配套法律法规来规范权力运行路径，这种组织模式与监管范式的不断调整与演变，反映的就是政府食品安全治理逻辑变革。

①造成碎片化管理的深层原因：食品安全事件频发仅仅是实施碎片化治理的表象之一。在食品安全行业监管中，其具体表现为同级政府部门或者不具备行政制约关系的部门进行分块管理，在管理过程中行政职能被硬性割裂，不具备协调互促机制，一旦发生问题则容易出现责任推诿，难以落实责任主体。碎片化治理的负面作用不断凸显，这就需要对这一治理模式进行重新建构，适应社会发展实际，由此，协同管理模式应运而生。

②实施协同管理所需要的突破：实施协调治理需要从三个方面有所突破。第一，依托信息技术构建协同治理的数字化平台。在信息技术统合下，政府各部门会形成有效的业务链接构架，改变原有政府职能被人为割裂的弊端，减少信息孤岛造成壁垒，进而构建起一站式政府服务体系，实现数据的实时联通和信息共享。第二，构建协作主体间保持平等的伙伴关系，这也是区别于传统合作理念的最大不同点。这一管理构架具有典型的开放性，任何一方都不具备最终权力，单凭一个组织也很难完成任务，如果想解决问题，则需要多部门联动，通过互动沟通共同制定解决方案，通过各方平等参与最终解决相关问题。第三，通过制度约束使协同治理的各个主体承担其治理职能。

③“政府规制思维”向“社会治理思维”的变迁：协同管理需要健全政府与社会的良性互动。协同管理发展的基础是公众参与。案例中的网格化管理实际上也是协同治理的一种模式。网格化管理的实际成效取决于公众参与食品安全监管事务的热衷度。创造形成公民自发参与意识的机制与条件，激发公民更多地投入并参与其中，构建政府与社会及公民之间的一种责任、妥协和宽容的平衡、互动状态。

案例十五 “互联网+食品”新业态下的食品安全管理实践

学习指导：本案例介绍了近年来产业互联网、大数据、人工智能等先进技术与食品产业深度结合，促进“互联网+食品”新业态下食品安全管理水平进步的成功实践。本案例以食品生产型企业、物流零售企业和网络餐饮平台三类食品从业者为线索，讲述了三类食品从业者面临的食品安全管理挑战，还原了各从业者主动利用互联网技术建立先进的透明工厂、智慧化物流和仓储系统以及互联网餐饮智慧管理系统的具体做法。案例揭示了通过互联网技术显著提升食品质量安全水平，增强食品从业者与消费者互信，精准管理食品安全的宝贵经验。通过本案例教学使学生学会主动学习，了解“互联网+食品”新业态，学会分析食品从业者在新业态中面临的挑战与机遇，明确透明工厂、智慧化冷链物流与仓储、互联网餐饮智慧管理的总体实施路径，掌握大数据、人工智能、区块链、产业互联网等先进互联网技术的基本概念及其在食品行业的典型应用。

知识点：透明工厂，智慧化冷链物流与仓储，互联网餐饮智慧管理

关键词：产业互联网，大数据，人工智能，食品安全管理

一、案例正文

发展“互联网+食品”是在“推动互联网、大数据、人工智能和实体经济深度融合”的背景下，传统食品行业利用互联网科技“赋能”的一项重要创新。近年来，飞速发展的互联网科技正从各方面驱动食品行业创新，造就了蓬勃发展的“互联网+食品”新业态，也创造和丰富了食品安全治理的新模式。在食品生产端，某烘焙食品企业把互联网技术融入供应链管理，实现了供应商管理、原料可追溯、透明制造和市场反馈等模块之间的数据流动，为增进食品制造企业与消费者之间的信任提供了新路径。在食品的仓储物流和零售环节，某连锁便利店集成感温设备、位置服务、大数据算法等互联网技术构建智慧化冷链物流系统，满足了“安全、新鲜、便捷”的食品消费诉求，实现了冷链物流全程可视化、可追溯和门店的数字化管理。在餐饮环节，针对传统餐饮行业经营集中度低、数字化改造不足等特点，提供本地生活服务的某第三方互

联网平台融合大数据和人工智能等技术手段，建立起保障网络餐饮食品安全的智慧化管理机制。这些处于食品产业不同垂直领域的企业，不约而同地应用了互联网技术，通过与食品安全管理方面相融合，提升了自身产品和服务质量安全水平。其成果为我们提供了一系列值得借鉴和深思的案例。

（一）综合信息化系统在食品制造企业的应用实践案例

某烘焙食品公司是拥有千余种产品的综合性食品生产企业，每年有百余种新品上市。目前，该公司生产的产品涉及19000余种原料、物料，4600余家供应商。对于这类食品制造企业而言，供应链的复杂环境始终是企业甄别可信赖的优质供应商的难点，只有依靠透明的供应链和生产管理才能获得消费者对产品和品牌的信任。为此，该企业围绕供应链中供应商资质、供应产品的质量、供应保障及解决方案等问题，建设了综合信息化系统，从供应商管理、原物料追溯和透明制造等角度来保障生产过程和产品质量安全可靠。

（1）综合信息化系统主要包括产品生命周期管理系统（Product Lifecycle Management，PLM）、企业管理解决方案系统（Systems Applications and Product in Data Processing，SAP）、供应链关系管理系统（Supplier Relationship Management，SRM）、商务信息仓储库系统（Business Information Warehouse，BW）和中检溯源系统等。

（2）供应链关系管理系统（SRM）的供应商管理模块，可用于对供应商进行资质管理、准入停用、绩效评估、风险预警、变更通知和异常交流等管理。供应商需向供应链关系管理系统上传资质，并定期自主更新和维护；企业则通过供应链关系管理系统设置资质有效期来实现管理。当资质临近有效期时，供应链关系管理会向双方分发预警和维护提醒；如供应商资质过期失效，供应链关系管理系统自动暂停其供货许可直至完成资质更新维护；供应商在系统中更新维护资料时，系统自动发送变更通知至企业。企业基于自身的采购管理需求，通过供应链关系管理系统对供应商进行全生命周期管理，有利于建设消费者信赖和质量安全水平高的供应链，对维护品牌声誉具有积极意义。

（3）企业管理解决方案系统（SAP）和商务信息仓储库系统（BW），系统管理原料、物料出入厂检验、制程检验、异常情况数据，通过大数据进行趋势分析，实时掌握统计期限内的原料、物料质量水平，考核供应商绩效，同步通过供应链关系管理系统告知供应商近期原物料质量水平和异常信息。供应商通过供应链关系管理系统在线反馈原因和整改对策。企业利用企业管理解决方案系统和商务信息仓储库系统发现有关原物料及相应供应商的异常信息，并通过供应链关系管理系统与供应商沟通整改，形成了针对食品质量安全信息的反馈机制。

（4）中检溯源系统依托中检集团第三方溯源云平台，结合大数据、物联网、二维码、近场通信（NFC）等技术实现追溯原料、物料品种、规格、产地、加工过程等信息的采集和整理，建立对应原料、物料最小包装的追溯码和防伪码。追溯码对应的原料数据在录入溯源云平台后即被锁定，供应商无法修改作假，企业可扫码验货；防伪码可校验原物料是否为驻厂期间生产。融入现代信息技术后，企业可以对真实、可追溯的食品原料安全信息进行全程高效的数字化管理。

（5）消费者可通过企业提供的互联网或手机应用方便查询产品信息，也可根据生产日期和商品条码在监管平台进行溯源查询。消费者可获取：①企业资质信息，包括企业证照信息、食品安全承诺、人员资料等信息；②产品所使用原料的检测结果、批次和供应商资质；③产品生产区域的实时监控；④产品原辅料使用和出厂检验结果；⑤每批次产品的流向信息；⑥政府部门公开的监管结果；⑦消费者评价和反馈。通过溯源查询，消费者更加了解企业的供应链和产品信息，使消费者更主动地参与到食品安全管理中。

（二）冷链物流与仓储智慧化管理在连锁零售系统的应用实践案例

某连锁零售企业在北京、天津、上海、南京等20个城市开设了近1600家门店。该企业销售的食品多数属于短保质期的鲜食类产品，这对该企业的冷链食品安全管理能力提出了挑战。该企业围绕冷链食品在物流、仓储和售卖过程的失温产品变质风险，融合互联网技术和硬件设施对食品冷链开展全程智慧化管理，主要包括：

（1）建立总仓　总仓中建立冷藏、冷冻的独立温层仓，方便实现多温区商品的兼容、运输共享和电子化批次管理。总仓中安装了进行入库、在库和出库管理的仓库管理系统（Warehouse Management System，WMS），支持生鲜加工的库内加工系统，控制高位货架存储系统以及全自动电子拣货系统。播种式电子标签分拣系统（Digital Assorting System，DAS）保证冷链商品先进先出，按需分拣和配送，提高了物流效率。这些管理系统可用于监控和管理冷链商品在仓储过程中的温度暴露史，提高食品冷链仓储系统的安全性。

（2）采用专门保温措施和保温箱保障冷链产品在总仓、前置仓和门店之间周转的低温要求。在配送过程中，为所有承运车辆安装GPS定位系统、地理信息系统（Geographic Information System，GIS）、通用无线分组服务（General Packet Radio Service，GPRS）等物流温控感应设备。在整个运输过程中持续提供导航、温度监控、联网检测和运输算法服务，从而根据门店位置、货量需求、温度差异计算最优配送路线，实现智能调度。通过定位和蓝牙技术，实现对产品物流状态（温度）的实时跟踪和监控，同时通过电子化温度追踪和报警系统，防止产品在运输过程中失温，降低冷链产品在配送环节发生品质劣变的风险。

（3）零售门店对室温、靠墙风幕柜、冷热柜、后补冷饮柜、中岛风幕柜等易造成失温风险的关键设施设备进行实时监控，通过手机APP等智能化设备对温度变化进行远程监测，自动通知和提醒店长及时对室温产品进行处理。

（三）大数据和人工智能在网络餐饮平台的应用实践案例

国内某经营网络餐饮的外卖平台累计拥有约3.2亿用户，合作商户数超过230万家，活跃配送骑手超过63万，覆盖城市超过1300个，日完成订单2100万单。围绕平台合作餐饮商户经营集中度低、食品安全解决方案以及供应链管理能力不足等突出问题，打造网络餐饮平台食品安全智慧管理模式，提供食品安全知识和信息，通过大数据手段实现商户和食材供应链的智慧管理，帮助商户识别和管控食品安全风险。

（1）平台与餐饮商户建立合作关系，产生商户聚合效应。平台为商户建立专门的服务后台和渠道，提高食品安全信息和知识的可及性和传达的精准度。设立“安全餐饮”专题模块，定期推送食品安全法律法规、网络订餐规范要求、食品安全操作规范等科普推文40余篇，累计阅读量200余万次，强化了商户的合规经营意识。该模块还为山东、甘肃等地食品安全监管部门向餐饮商户科普食品安全知识提供了专用渠道，落实教育引导责任。

（2）新冠肺炎疫情期间，平台通过APP联合各地监管部门推出“助力餐饮复工食安防疫公益直播课”系列活动，为商户提供免费的体系化培训。上线仅3个月，通过“在线学习+专家直播答疑+食安防疫知识考试强化”的联动模式，完成了全国17省、19市、累计110万人次培训。

（3）平台上线进货业务，推出一站式餐饮供应链平台，为商户提供各类生鲜产品、预包装食品和餐厨用品等，帮助平台商户建立固定的供货渠道，降低对批发市场的依赖性。

（4）通过人工智能技术，研发“天网”系统。入网商户在“天网”中建立电子档案，通过“入网审核、在网登记、退网追踪”三大环节，在系统中对入网商户进行全生命周期管理。商户证照档案全部电子化，光学字符识别（Optic Character Recognition，OCR）图片识别系统对证照关键信息自动识别和记录，避免人为篡改，提高信息校对效率。与监管部门食品经营许可数据库对接，形成“人工审核+天网核验+政府数据验真”的多轮校验，确保商户资质的真实性。

（5）建立“天眼”系统，使用大数据和人工智能手段从平台海量消费评价数据中智能识别和分析食品安全关键词，发现食品安全风险信息，并基于消费评价数据判断食品安全趋势。如对特定区域内日本料理食品的消费评价进行分析，发现消费者推荐商品为海胆和三文鱼，而负面评论中食品安全风险最大的是鳌虾和海胆。有关信息，可反馈至该区域商户针对性识别和管控食品安全风险，也便于监管部门开展安全督导。

参考文献

中国食品科学技术学会，沃尔玛食品安全协作中心．食品安全最佳实践白皮书［R/OL］．（2020－12－03）［2021－01－21］．

二、教学指导意见

（一）关键问题（教学目标）

通过本案例教学使学生学会主动学习，了解“互联网＋食品”新业态，学会分析食品、餐饮从业者在新业态中面临的挑战与机遇，明确透明工厂、智慧化冷链物流与仓储、互联网餐饮智慧管理的总体实施路径，掌握大数据、人工智能、区块链、产业互联网等先进互联网技术的基本概念及其在食品行业的典型应用。

（二）案例讨论的准备工作

1. 学生讨论内容的准备工作（要求提前自主学习，独立完成作业）

（1）互联网技术相关知识

①“互联网＋”的概念和发展历程。

② 大数据技术、区块链技术和人工智能的基本概念。

③ 蓝牙、GPS 和二维码技术的基本概念。

（2）食品安全管理相关知识

①食品可追溯体系的概念和建立原则，可追溯食品的特点及其应被记录的信息。

②烘焙食品企业供应链涉及的主要原物料类型以及这些原物料的质量安全管理原则。

③食品冷链物流和仓储的基本概念、特点和主要风险因素。

④我国食品安全和市场管理主管部门对餐饮商户和外卖从业者的资质要求和监管办法。

2. 学生讨论问题的准备工作（要求以小组的方式准备，但内容不限于以下选题）

（1）“互联网＋食品”新业态的形成为食品行业带来了哪些方面的机遇和挑战？

（2）案例中烘焙食品企业是如何建立透明的供应链和工厂的？其中涉及哪些关键技术和系统？

（3）案例中连锁零售企业利用了哪些关键的互联网技术和硬件设施、设备构建智慧冷链物流仓储系统？与传统冷链物流仓储系统相比具有什么优势？

（4）案例中网络餐饮平台采取了哪些具体措施来应对网络餐饮食品安全管理？

（5）还有哪些互联网新技术可能被用于食品安全管理？

（6）还有哪些食品行业可以使用互联网技术进行食品安全管理，不同行业的互联网管理技术有哪些区别，如何选择互联网食品安全管理技术？

（三）案例分析要点

1. 引导学生分析当前“互联网＋”背景下食品行业发展面临的食品安全管理问题

互联网时代对传统的食品供应、生产、销售和餐饮模式改变的影响是多样而深刻的，互联网技术的应用催生了透明食品工厂、新零售、网络餐饮等新业态。这些改变从根本上都是希望通过数据化的手段，突破传统管理人手不足，信息不充分、不准确等障碍，使复杂的食品供给环节和参与方的食品安全管理更加透明、精准和高效。因此，要引导学生认识“互联网 + 食品”时代食品安全管理的深刻变革，了解采用互联网技术改造食品行业的主要动因和目标。

2. 引导学生总结该案例中食品从业者运用互联网技术的类型和具体做法

案例中食品从业者从不同角度运用了大数据、人工智能、区块链、二维码等先进的网络技术，并与特定的硬件设施设备和数据系统结合，发挥了共同或特殊的作用。引导学生系统总结这些具体做法和经验，分析这些技术手段是如何解决具体的食品安全管理问题的，并评价其实施效果，从而归纳这些网络技术在食品领域的应用情况。

3. 引导学生分析案例中食品安全关键数据和信息的采集、保存和传递过程

梳理案例中食品安全数据和信息的即时采集、真实传递、智慧管理和开放校验的方法，这些方法体现了未来哪些食品安全管理趋势，案例中所运用的技术手段有哪些局限，未来还有哪些互联网技术可能用于解决食品安全管理问题。

4. “互联网 + 食品”新业态下的食品安全立法和监管变革

通过案例学习，引导学生思考和展望食品安全立法和监管行为应该如何适应食品新业态的发展，食品安全监管部门如何利用互联网技术来更好发挥其教育、监督和执法等职能。

（四）教学组织方式（对在课堂上如何就这一特定案例进行组织引导提出建议）

1. 问题清单及提问顺序、资料发放顺序

课前发放问题清单，布置作业。发放案例正文，要求学生分组阅读并展开无领导小组讨论，整理案例的大致情节和关键信息，以小组为单位发言回答讨论问题。

2. 课时分配（时间安排）

该案例教学时数建议 3 ~ 6 学时，背景回顾、问题发放和作业总结 1 ~ 3 学时，讨论和总结 2 ~ 3 学时。

3. 讨论方式

根据案例内容，教师做引导式提问，为学生分配食品从业者、消费者、监管人员、互联网技术人员等角色，采用无领导小组讨论方式模拟案例情境并展开案例讨论，梳理案例内容和关键信息，学生小组通过 PPT、思维导图等方式汇报讨论结果并回答问题。

4. 课堂讨论总结

由任课教师完成，总结案例反映的核心知识点，引导学生从不同角色角度思考当前解决方案的局限性，展望食品安全管理的未来发展趋势。

5. 案例拓展交流

学生课后以小组为单位，自由选择食品从业者、消费者或执法者角色，观察和总结案例外某一具体领域中互联网科技带来的食品安全管理变革，制作成推文。教师通过课程网络平台发布学生推文，根据推文质量和阅读量评价学生成绩。

（五）其他

1. 计算机及视听辅助手段支持

推荐案例相关的视频在课堂播放。

2. 建议的板书

记录课堂分析要点和讨论结果，给出提示词。

3. 本案例启示

（1）“互联网＋”时代食品安全管理的趋势、机遇和挑战

① 食品安全管理的趋势：互联网技术的发展对食品行业的影响是多方面、多层次的。产业互联网、大数据、区块链等技术进步为食品安全信息的数据采集、保真储存和传输、开放校验提供了可能。这不仅可以使食品安全管理的精度从生产批次提高到最小产品包装，还可以保证食品生产、储运、销售过程涉及的安全数据能够在产业链中真实畅通地流动，实时反馈并对所有参与方透明。总之，互联网技术可以通过强大的算力以及防篡改、即时互联等特性为传统食品行业“赋能”，将大大加快食品安全管理走向数字化、精准化、透明化和智慧化。

②互联网技术带来的机遇与挑战：互联网技术给食品行业带来的既是机遇也是挑战。借助这些先进的互联网技术，真实的食品安全信息可以被企业、消费者、监管者充分获取，显著降低了信任成本。食品质量和安全是消费者关切的核心。在传统食品行业，消费者信任主要依赖于企业或产品长期形成的商誉或者质量安全表现而产生，但互联网技术很容易打破了这一传统方式的瓶颈，为更多食品行业的新从业者创造机会。再者，互联网技术为食品企业主动提高食品质量和安全水平提供了新手段，驱动食品供应链、生产端、物流链、销售端对食品安全风险进行精准管理，防患于未然，为产品品质和安全设置系统“防火墙”。此外，互联网技术为食品的生产、流通和消费过程记录下大量翔实可信的过程数据，如何利用好这些数据创造更多的科学、产业和社会价值，也是食品行业未来面临的一项重要挑战。

（2）透明的供应链和物流链　食品的供应链和物流链连接着食品原料的供应端、加工端和消费端。食品供应链的复杂性是进行有效的食品安全管理的主要障碍之一。由于供应链处于食品产业链的最前端，食品供应链中出现的问题很容易沿产业链条逐步扩散，最终造成无法控制的食品安全危机。而对于食品的消费环节，消费者往往缺乏系统的食品安全知识和有效的食品安全管理手段，因此管控食品物流过程中的风险和危害是消费者消费安全食品的重要保障。该案例中，食品生产和零售企业通过一物一码、区块链、追溯云平台、透明工厂等信息化系统建设，可以建立起“透明”的供

应链和物流链，让消费者“看得见”真实的、不可篡改的原物料和产品的产地、流向和检验结果，使产品的品质和安全更容易获得消费者信赖。

除了上述安全因素外，食品中还存在很多种类的产品声称，如“绿色”“有机”“严选”“源自”“优质”等，对消费者选择和食品价值认同等影响深远。在很多国家和地区，食品声称的真实性问题一直受到广泛关注。近年来，通过建立透明供应链和物流链来消除食品产品声称真实性质疑的做法已被很多生鲜电商平台和食品企业采用。事实上，有关食品信息的“真实性”是生产者、消费者和监管者对食品关切的核心之一，不难预见，区块链技术不可篡改的技术特点必将在食品真实性担保方面具有更加广阔的应用。

（3）大数据时代的网络餐饮　外卖是基于产业互联网诞生的线上餐饮新业态。线上餐饮虽然没有改变食品线下制作和消费的本质，却在餐饮商户和消费者之间加入了网络餐饮平台这一关键连接点。商户通过平台接入，也就必定受到平台的约束和管理。因此，在“互联网＋食品”时代，如何发挥网络餐饮平台在食品安全治理中的关键作用将是一项重要议题。首先，网络餐饮平台具有天然的互联网技术优势，更善于挖掘和利用网络餐饮服务过程中产生的海量数据和信息。本案例报道了结合大数据和人工智能技术针对性识别海产品风险信息的方法。这类技术也可以被监管部门用于筛选食品安全督查重点领域、重点商户等目的，帮助监管部门精准施策，动态管理。其次，必须重视网络餐饮平台的“聚合”增效作用。在传统的食品安全治理中，中小餐饮商户本小利薄，主动进行食品安全管理的主客观条件不足，食品安全监管难度大。网络餐饮平台往往是中小餐饮商户聚集活跃的平台。案例中，网络餐饮平台不仅可通过商户服务后台在短时间内使食品安全信息传播数百万次，也能要求上百万从业者通过直播培训并完成测试，以规范新冠肺炎疫情重大突发公共卫生事件下的餐饮服务行为。这提示我们，网络餐饮平台可以成为大范围、强渗透、高时效的专业和公共食品安全教育平台服务食品安全治理。因此，要加强互联网管理模式下，餐饮与传统模式的不同点和未来的变革点。

在该案例之外，数字化双胞胎、边缘计算、5G 技术、物联网等新兴技术也为食品安全管理提供了新可能，产生更多维度的食品安全数据和信息，如何把这些新兴技术纳入食品安全管理体系，丰富这些技术在食品领域的应用值得深入思考。在此基础上，可以进一步思考和讨论以下问题：

①互联网技术与食品安全管理体系的“接口”在哪里，如何促进二者深度融合？

②通过本案例学习，您是否可以进一步发掘食品安全管理领域需要的互联网技术？

第六章

内源性、伴生性因子类食品安全案例

案例十六　豆浆煮制不充分引起的食物中毒

学习指导：豆浆（Soybean Milk）是中国传统的植物蛋白饮品，含有丰富的优质植物蛋白、磷脂、维生素 B_1、维生素 B_2 和烟酸，以及铁、钙等矿物质，营养价值较高。因此，豆浆在欧美享有“植物奶”的美誉。但是，由于大豆中含有胰蛋白酶抑制剂、血凝素等抗营养因子，若豆浆处理不当会引起内源性食物中毒。本文介绍了一起因食用煮制不充分的豆浆而引发的食物中毒事件，并以事件发生的时间为主轴，再现了事件的经过和产生的食品安全危害，重点介绍了食用未煮熟豆浆中毒的流行病学特征、相关部门调查采样的措施以及判定为豆浆中毒的依据，分析了大豆内源性毒素造成食品安全问题的原因和相关的处置办法。本案例旨在让人们了解大豆食品原料中存在的内源性毒素问题，重视大豆制品的食用安全问题，学会同类问题发生时的处置办法，防止同类事件再次发生。

知识点：生豆浆，煮制，内源性毒素，食物中毒处置方案

关键词：豆浆，皂苷，胰蛋白酶抑制剂，假沸

一、案例正文

豆浆是中国人喜爱的一种植物蛋白饮品，多用于早餐、商业堂食和休闲等消费场景。豆浆含有的蛋白质是优质的全价大豆蛋白，营养丰富，且易于消化吸收，具有降低甘油三酯和胆固醇的功效，有利于预防高血脂、高血压、动脉硬化等慢性病。豆浆的制备比较简单，其主要工艺包括大豆加水磨碎、过滤和煮沸。但值得注意的是，豆浆中含有大量蛋白质和易发泡的皂苷，在制备过程中混入豆浆中的空气在煮制豆浆温度达到80℃时，便会产生大量的泡沫漂浮在豆浆液面上，出现“假沸”现象。如果以豆浆沸腾作为加热的判断标准，此时停止加热或煮制，就不能使豆浆中含有的胰蛋白酶抑制剂、血凝素等物质变性而失去生理活性，饮用者在 15 ~ 60 分钟后便会产生中毒反应。中毒症状主要表现为恶心、呕吐、腹痛、腹胀、腹泻以及胃肠炎等反应，与豆角中毒相似。

2002 年 3 月 20 日中午，湖北省荆州市某公司 210 名正式职工分两批在食堂就餐，当天餐食为米饭、红烧排骨、土豆烧肉、炒莴苣、炒大头菜、豆浆。食堂提供经消毒后的不锈钢餐盘，饭菜每人 1 份，豆浆放在餐厅，供就餐者饮用。当日，在该食堂就

餐的人中出现了恶心、呕吐、头昏头痛、腹胀腹泻、畏寒等消化道中毒症状。发现后职工被及时送进医院，经输液和对症治疗后症状逐渐减轻，无死亡病例。同时，在职工出现中毒症状第一时间，该企业向当地卫生管理部门报告情况，卫生监督大队立即赶赴现场，一方面进行现场采样、检查，另一方面派人员到医院开展了流行病学调查工作。最终明确饮用的豆浆是导致这次食物中毒的主要原因。

大豆中含有胰蛋白酶抑制剂、血凝素、脲酶等生理活性物质，这些物质在一定的加热条件下会产生变性而失去生理活性，脲酶反应呈阴性。但如果受到的热处理不充分，豆浆脲酶试验呈阳性，就会引起食物中毒。过去，因喝豆浆尤其是自制豆浆而引起的中毒事件在全国各地时有发生。近年来，随着消费者食品安全意识的不断提高以及豆浆生产的工业化，豆浆的安全保障取得较大进步。但生活中因购买渠道、购买力的制约以及个人喜好，仍有一些单位和家庭自制豆浆。为防患于未然，在此以此事件为案例，阐明大豆内源性毒素引起的食品安全问题，并通过案例学习学会相应的加工技术和要求，食品安全管理与安全事件的处置方法。

（一）事件的发生

以下按时间顺序对此事件进行回顾。

2002 年 3 月 20 日中午，湖北省荆州市某公司 210 名正式职工分批在食堂就餐，第一批 110 人于 11 时 30 分开始进餐，第二批 100 人于 12 时 10 分进餐。

3 月 20 日 12 时许，公司职工相继出现恶心、呕吐、腹泻等症状。

3 月 20 日下午，进餐 210 职工中共有 34 名职工出现不适症状，并立即送往医院进行救治。同时第一时间向当地卫生管理部门报告情况。

卫生管理部门到达现场开展流行病学调查：除当日中餐外，34 例病人发病前 24 小时无集体进餐史，所有病人的临床表现基本相似，推断 3 月 20 日中餐为中毒餐次。

卫生监察局分别采集原材料、剩余食物、调味品及病人呕吐物，经检验发现，杯中残留的豆浆，脲酶试验呈强阳性。

结合流行病学调查及检验结果，当地疾病防控中心调查员与食品卫生专家进行评定后，最终确定这是一起由豆浆中存在未失活的生理活性物质导致的食物中毒。

事件发生后，当地借助媒体加大食品安全宣传力度，加强群众的食品安全防范意识，提高自我保护能力。

（二）事件原因调查

2002 年 3 月 20 日，荆州市公司食堂食物中毒事件发生后，卫生监督局成立了该事件的调查小组，联合当地疾病防控中心一起调查此次食物中毒发生的原因。

（1）食堂的卫生管理　该公司是当地一家较具规模的企业，食品卫生管理状况较好，从未出现过类似情况。

（2）原料采购与贮存卫生　仓库存储的所有食品原材料，均整洁地、分门别类地存放在离墙离地的货架上，每层货架旁边均附有购货凭证，有验收记录，并有验收人签字。

（3）餐饮具卫生　餐饮具、容器已经彻底清洗、消毒，消毒好的餐具按规定存放于密闭的保洁橱内。

（4）进行流行病学调查　调查人员发现，中毒职工在中午集中用餐除了进食菜品之外，都食用了豆浆。随后，对进食食物进行采样和化验。

（5）检验报告显示，在剩余食物豆浆及病人呕吐物中，脲酶试验呈强阳性。

根据流行病学调查资料以及病人的潜伏期和中毒的特有表现，外加临床化验结果以及医师的诊断，上述调查排除了食堂卫生、原材料污染和餐饮器皿污染造成中毒的可能性。食品卫生专家和有关监督员经过评定，最终确定中毒是在相近的时间内食用了刚刚“煮沸”的鲜豆浆所致，即这是一起由生豆浆煮制不充分导致的食物中毒。

生豆浆中含有皂苷、胰蛋白酶抑制剂、血凝素等生理活性物质。皂苷对消化道黏膜有很强的刺激性，可引起充血、肿胀和出血性炎症，出现恶心、呕吐、腹泻和腹痛等症状。胰蛋白酶抑制剂本身是一种蛋白质，它能选择性地与胰蛋白酶结合，形成稳定的复合物，从而使胰蛋白酶失去活性，致使蛋白质水解为氨基酸的过程受到抑制，妨碍膳食中蛋白质的消化、吸收和利用，降低豆浆的营养价值，同时还会引起胰脏的肿大。上述的生理活性物质均不耐高温，经过加热处理可降低它们的生理活性，达到食用安全的水平。此事件中，该职工食堂经营户把豆浆加热至泡沫快溢出时即停止加热，这是豆浆特有的“假沸”现象，此时豆浆中的蛋白质并没有完全变性，尤其是胰蛋白酶抑制剂有很坚固的结构，变性程度较低，因而豆浆表现为脲酶阳性。

调查发现，34 例病人均饮用了未煮熟的豆浆，个案调查，发现也有职工饮用了豆浆，但未出现中毒症状，可能与个体差异和饮用量少有关；未饮用豆浆的 80 余职工无 1 人发病。

（三）事件后续处置

1. 监管部门方面

这起事件引起了上级管理部门的高度重视，强调各有关部门要认真贯彻落实《中共中央、国务院关于深化改革加强食品安全工作的意见》《地方党政领导干部食品安全责任制规定》、省委、省政府《关于深化改革加强食品安全工作的实施意见》及《省级党政领导干部食品安全工作责任清单》，以对人民群众身体健康和生命安全高度负责的态度，提高政治站位，充分认识当前食品安全工作面临的新形势与新任务，切实增强做好食物中毒防控工作的责任感和紧迫感，进一步强化对食物中毒防控工作重要性的认识，把坚持以人民为中心的发展思想贯彻到食品安全工作的全过程，把食物中毒防控工作作为为民办实事的一项具体行动，切实加强组织领导，压实各级各部门防控责任，落实落细各项防控措施，严管严防严控食物中毒事件的发生。

2. 行政方面

在荆州市卫生局的统一领导下，疾控中心对此次突发公共卫生事件做出处理。食品药品监督管理局责令该企业食堂立即停止豆浆加工行为，暂停该食堂对职工提供餐饮服务。清查该生产经营企业和个体工商户主体资格，并对该企业仓库储粮尤其是粮食、食用油、豆制品等进行食品质量抽查；对企业管理者及食堂经营者进行宣传教育，加强《中华人民共和国食品安全法》《中华人民共和国食品安全法实施条例》《餐饮服务许可管理办法》法律意识。

3. 企业方面

此次事件发生之后，企业遵照食品药品监督管理局指示，严格遵守《餐饮服务许可管理办法》等各项条例，加强对食堂制作、仓储及就餐环境的规范管理，提升了食堂服务经营者的食品安全观念。

为了预防豆浆中毒，科学的管理和加工是关键。供应豆浆的单位煮制豆浆时锅汁盛得不宜过满，最好用有盖高锅（接口锅），这样既能确保烧熟，又能节约燃料；同时用温度计测量中心温度，避免受“假沸”现象迷惑。已经烧熟的豆浆中，不再加入生豆浆，也不用装过生浆未经清洗消毒的容器盛豆浆。有条件的单位可采样化验，如发现豆浆脲酶试验呈阳性、弱阳性反应，表明豆浆未真正“煮熟”，要继续煮制，待豆浆脲酶试验转为阴性方可食用。

4. 个人方面

此案件发生后，食物中毒的职工从医院回家休养期间，从中总结并深刻认识到，应当注意个人卫生，个人卫生方面主要是做到饭前、便后洗手，而且平时要保持整洁、干净；如家庭有条件，可自带餐食；了解了一些食物含有的内源性毒素会带来食品安全问题。就餐前，应先询问食堂人员豆浆是否煮沸，同时也要注意观察其他餐食中是否存在不安全风险，比如发芽土豆等，观察豆角颜色以便判断是否熟透；注意生活规律、饮食规律，平时应经常参加体育锻炼，提高自身免疫力。

5. 行业方面

食物中毒严重危害群众的身体健康和生命安全，关系社会的和谐稳定。专家学者们提出：广大食品卫生监督员必须要加强对餐饮行业的监管和指导，加强卫生知识培训，以增强广大从业人员食品安全意识，防止类似事件再次发生。加强食品安全知识宣传、健康教育和健康保障工作，同时提高群众的卫生意识和自我保护能力，预防食物中毒的发生。

食品安全专家提醒：无论是自制豆浆或购买的豆浆，都必须煮沸煮透才能食用。个人或家庭自制豆浆时，沸腾之后要再转小火继续煮沸 5 分钟；如若使用豆浆机，要确保豆浆获得充分的加热处理。对消化不良、嗝气和肾功能不好以及急性胃炎和慢性浅表性胃炎者不宜或减少食用豆浆及豆制品，以免刺激胃酸分泌过多加重病情，或者引起胃肠胀气。

中国食品工业协会豆制品专业委员会组织起草并制定的 SB/T 10633—2011《豆浆

类》行业标准已获商务部批准，并于2011年12月1日起实施。标准在符合《中华人民共和国食品安全法》规定的食品安全标准的基础上，依照提高标准适用性的制定原则，根据豆浆生产的工艺特点，结合国内生产实际，并参考了国际相关标准，对产品分类和产品指标进行了科学确定和阐述。其中，检验方法中明确规定，脲酶按照GB/T 5009.183—2003《植物蛋白饮料中脲酶的定性测定》方法测定。

参考文献

[1] 孟金香，蔡红玲．一起食用生豆浆导致中毒的调查报告［J］．中国伤残医学，2013，21（5）：398－399.

[2] 王瑛，孙利群，常波，等．豆浆中毒50例报告［J］．大连大学学报，2002，1（2）：107－108.

[3] 黄继贵，周涛，沈万军．一起饮用豆浆引起34人食物中毒的调查报告［J］．湖北预防医学杂志，2002，1（4）：24.

[4] 范行仪．一起幼儿园儿童豆浆中毒的调查分析［J］．预防医学文献信息，1998，1（1）：90.

[5] 潘新颖，王春雷，杨丽丽．豆浆中毒的预防［J］．山东食品科技，2004，1（2）：15.

[6] 戴建宏，代天祥，王青霞．一起食用未煮熟豆浆引起食物中毒的调查报告［J］．中国城乡企业卫生，2007（1）：17.

[7] 江艾．食用豆浆安全手册［J］．东方食疗与保健，2007（9）：55.

[8] 才琳．探索如何改进高职"食品安全法"的教学方法［J］．吉林农业，2019（11）：76－93.

[9] 指导企业生产 规范产品市场 《豆浆》行业标准正式出台并实施［J］．大豆科技，2012（2）：47－48.

[10] 王耀，吴佳蓓，王珍玉，等．大豆胰蛋白酶抑制因子的危害及其检测研究进展［J］．饲料工业，2019，40（13）：61－64.

[11] 成乐为，戴璇，汪霞丽，等．豆浆中脲酶活性快速检测试纸研究［J］．食品安全质量检测学报，2017，8（2）：506－509.

[12] 杨蕊莲．豆浆工艺优化及预处理对其品质影响研究［D］．重庆：西南大学，2016.

[13] 刘颖沙，李国秀，刘伟，等．四种鉴别豆浆生熟度快速检测方法比较研究［J］．陕西农业科学，2018，64（4）：64－66.

[14] 刘瑶，贺笑天．自磨豆浆沸腾后至少再煮10分钟［J］．百姓生活，2016（11）：79.

[15] 范志红．家制豆浆足够安全可靠吗？［J］．保健医苑，2011（11）：49－50.

二、教学指导意见

（一）关键问题（教学目标）

通过对荆州市某公司食堂的豆浆煮制不充分引起的中毒案例的学习，进一步提高学生的自主学习能力，了解食物内源性毒素的概念及其危害，除掌握本案例中的胰蛋白酶抑制剂、血凝素与皂苷等对人体产生的危害外，也要了解其他食物中存在的内源性毒素及其危害性，掌握消除内源性毒素相应的加工方法。根据此案例，让学生更具体地了解国家是如何通过标准法规等措施对有内源性毒素的食品进行安全管理的，同时了解行政部门与企业以及个人在发生食物中毒事件后应采取的措施。

（二）学生讨论内容的准备工作

1. 有关内源性毒素的相关知识（要求提前自主学习，独立完成作业）

首先要求学生利用图书馆资源查阅内源性毒素的概念；其次最大化利用学习数据库资源，大量检索阅读生豆浆中毒或（和）其他类似事件的相关文献；利用网络资源搜索新闻报道、地区行政部门的工作报告、网页相关推送等，寻找事件细节，对本案例进行补充，并自主完成以下问题：

（1）生豆浆中毒的症状、潜伏期、对人体的危害。

（2）行业标准 SB/T 10633—2011《豆浆类》、GB/T 5009.183—2003《植物蛋白饮料中脲酶的定性测定》有关规定。

（3）食物中毒现场如何尽快判定是否为食物中毒以及哪种食物中毒。

（4）发生食物中毒后，剩余食品、存储原辅料和调味品的采样原则及检样要求。

（5）食物中毒的上报流程、应急预案和预防管理规范。

（6）现场流行病学调查步骤及方法。

（7）内源性毒素有哪些种类，该案例中的毒素属于哪一类。

（8）国内外对于食物内源性毒素中毒的应急处置措施。

（9）行政管理部门、豆浆豆乳生产企业、个人对此类事件的态度及处理方法。

（10）查阅并列举与本案例类似的其他事件，分析发生的原因及处置过程和存在的问题。

2. 学生分组讨论的问题（要求以小组的方式准备，但内容不限于以下选题）

（1）生豆浆煮制不充分为什么会引起中毒？

（2）豆浆生产企业、餐厅和食堂该如何避免该类事件？

（3）食物中毒事件发生后，如何确定是什么引起的中毒？

（4）国家标准对植物蛋白饮料中内源性毒素活性控制做出了什么样的规定，以及怎样的生产加工过程要求？

（5）举例食品中内源性（内生性）毒素以及加工过程中的有毒有害物质都有哪些？

（6）结合本案例，讨论并列举出食物中毒的应急措施有哪些？

（7）未煮熟豆浆中毒案件时有发生，有没有什么行之有效的预防办法？

（8）假如你是一名食品安全行政人员，接到食品中毒汇报后，该如何决策和部署？

（9）从这个案例中，你对食品安全有什么新的认识？获得了哪些启发？

（三）案例分析要点

1. 引导学生学会案例分析

案例学习最基本的方法就是要彻底了解事件的来龙去脉，包括事件的起因、经过、结果，并通过拓展学习了解案例所涉及的知识、法律法规、存在的问题及解决方案。围绕上述要求，我们要了解本案例中发生食品中毒事件后，卫生行政部门是如何处理及展开调查的，如何快速并准确地找到中毒原因的，通过检测结果、临床表现还是流行病学调查。从未煮熟豆浆中的毒素危害，进一步学会如何确保豆浆产品的安全性。

2. 引导学生了解此事件是哪类食品安全问题

本案例属于大豆中固有的内源性毒素引起的食品安全问题。在豆浆加工过程中，加热不彻底导致胰蛋白酶抑制剂结构没有被破坏，仍保留了生理活性，造成食用后产生呕吐、腹泻等一系列中毒症状。食品中除了内源性毒素外，在加热、灭菌、碱处理等加工过程中也会产生有毒有害物质，称为伴生性有毒有害物质，如一些碳水化合物、蛋白质、脂肪、胆固醇等成分在不当的加工条件下，可能会产生有毒有害物质，如多环芳香族物质、丙烯酰胺、反式脂肪酸、氧化产物、亚硝基化合物等，这一类毒素与本案例食物中的毒素有何不同？如何控制，试举例说明。

3. 引导学生加强膳食营养及食品安全知识的普及和推广

“民以食为天，食以安为先”，食品安全一直以来都是老百姓关注的话题。应认真学习《中华人民共和国食品安全法》，积累食品安全知识，提高自己的辨识能力，提高对食品安全的重视程度以及自我保护意识，让食品安全意识延伸到家庭和整个社会。就本案例来说，该事件暴露了食品从业人员缺乏食品安全知识，应加大对食品企业、堂食从业人员的食品安全教育，同时，行政方面加强监督和提示，会大大降低此类食品安全问题发生的概率。

4. 引导学生根据案例提出减少此类食品安全事件的方案

（1）举办食品安全宣传周活动，切实提高居民营养与健康知识　从居民日常生活角度出发，增强居民营养膳食知识，提高自我保护意识，对防范此类事件发生有根本性的教育作用。

（2）加强对提供豆浆的餐厅、食堂及酒店关于煮制豆浆的规范管理　从企业入手，做好加工过程中的温度管理，确保脲酶活性符合国家安全标准要求。最好采用一体式、自动化豆浆生产设备生产豆浆，高效节能的同时还安全可靠。

（3）相关管理部门进行不定期抽查　这是上述两种方案的补充，通过企业、消费者和政府监管部门的"齐抓共管"，才能保证企业时时刻刻有充分的安全意识，才能做好预防，做好应急处置，保障人民生命安全。

（四）教学组织方式（对课堂上如何就这一特定案例进行组织引导提出建议）

1. 问题清单及提问顺序、资料发放顺序

课前先发放案例正文及问题清单，要求学生课下查阅资料，拓展学习，独立完成，课堂上集体汇报，共同学习。

2. 课时分配（时间安排）

该案例的教学时间为3～6学时。其中1～2学时为任课教师给学生介绍案例背景，主要是食用生豆浆导致食物中毒产生的毒素及危害和事件的发展过程；2～4学时，学生以分组方式对课前问题进行汇报，教师进行总结。

3. 讨论方式（情景模拟、小组式）

本案例教学以小组讨论方式为主。从多角度去考察案例中的问题，是否还有其他解决方案，各小组从提出解决方案、完善解决方案的角度提出建设性意见，并做多角度的分析和总结。

4. 课堂讨论总结

由任课教师完成，概括小组讨论的结果，总结与本案例相关的问题及解决方案。

（五）案例启示

1. 高度重视原料中的内源性毒素

食物主要来自大自然或农畜业生产的根、茎、叶、种子及动物的组织，在自然进化中生物为了保全自己会在体内产生一些生理活性物质以防御采食者的侵害。这些生理活性物质对人类的危害是要么引起过敏反应，要么引起食物中毒。因此，尽管人类已有较长时间的食用这些食物的历史，但并不是食用任何食品、任何形式都是安全的，这就需要我们在生产中对食物的种类要进行选择，同时也要选用合适的加工方法控制食物中存在的天然毒素可能对食用者造成的危害。食品中常见的天然存在的毒素包括：苷类、生物碱、有毒或复合蛋白、神经类毒素、毒蕈及动物中的有毒物质。

2. 集体餐饮安全事件发生的原因分析

学校食堂、公司食堂以及小饭馆食物中毒事件频发，给消费者身体健康带来严重危害，这类事件的中毒者数量往往较大，中毒场所多为集体食堂。究其原因主要有食品加工环境卫生状况较差，食品制作过程中生熟不分，餐饮具消毒不严，食品加工人员不注意个人卫生和带菌操作等。

3. 合作者的安全保障制度

随着社会服务体系的发展完善，食堂、餐饮店、便利店等商品供应已形成了竞争性的社会网络。为确保食品安全，可以从以下几个方面着手：①建立数字化供应链系统。不贪图便宜，选择正规渠道的供应链，拥有食品安全资质、产品证明、验收证明的供应商。②提高员工食品安全意识。设置相应奖惩措施，如果发现食品安全问题，责任明确到个人。定期要求员工参加食品安全管理测试，让食品安全的重要性深入到每个员工的心中。③设置明档厨房，引入智能化设备。采用明档厨房或通过摄像头在前厅直播做菜的方式提高员工规范的操作意识，在避免厨房卫生脏乱、食材未清洗、配菜混乱摆放等问题的同时也增加了消费者的信任。

4. 加工技术和装备问题

本案例中，豆浆中因存在皂苷类物质，加热过程中会出现“假沸”现象，因此可采购先进的豆浆煮制一体化设备，在煮锅内彻底解决豆浆不能均匀受热的问题，提高加热效率，预防此类事件的发生。

5. 国家法律法规、标准制定和执行问题

企业、个人应加强对国家安全标准的学习和掌握。同时，行政管理部门也要经常地以各种方式普及国家相关方针政策、法律法规，提高防范意识，降低食品安全发生的风险。

（六）食用豆浆中毒的其他案例

近年来，由豆浆导致的食物中毒的案例还有许多，如：

2011 年 1 月 8 日至 10 日，潍坊市坊子区召开“两会”期间，1 月 9 日上午 8 时 30 分疾病预防控制中心接到会务组打来电话，报告称有入会人员吃过早餐后，出现腹痛、恶心、腹泻等系列中毒症状，疑似食物中毒。调查组通过逐一填写现场监督检查笔录、询问笔录、监督意见书及食物中毒个案调查表、报告登记表，初步推定食物中毒可疑性，并现场采集中毒客人剩余豆浆进行化验检测分析，结果显示脲酶反应呈强阳性。由此判定该起食物中毒是由酒店供给未煮熟的豆浆所致，经过对症用药治疗后患者全部康复。

1999 年 10 月 22 日上午，大连市某小学，50 名小学生因课间间食饮用袋装鲜豆浆后出现中毒（9~11 岁 7 例，12~14 岁 43 例），主要表现为头晕、头痛、恶心、呕吐、腹痛等，送至大连大学医学院附属医院儿科及时抢救治疗，全部治愈。

1994 年 2 月，某幼儿园发生一起儿童饮用未煮熟豆浆中毒事件：1994 年 2 月，某幼儿园有 293 名幼儿入托，每天早餐均饮用豆浆。2 月 21 日上午 7 时 40 分，早班炊事员为儿童送来豆浆，有 116 人先后饮用，每人 100~200mL，5~10 分钟后，其中 24 人（男 17 人，女 7 人）先后发生胃部不适，恶心、呕吐、畏寒等症状。经查，该服务公司当日提供儿童早餐饮用的豆浆仅煮至 85℃左右。

案例十七　食品中丙烯酰胺的发现

学习指导：本案例讲述了2002年首次在热加工食品中发现丙烯酰胺的过程，及后续生产厂商、科研机构、监管部门等所做的工作。通过本案例教学使学生了解食品中潜在的安全风险，掌握食品中化学物风险评估的基本原则和方法，了解加工伴生危害物形成规律，学会制定和开发相应的控制技术。

知识点：风险评估，食品加工伴生危害物，食品质量安全管理体系

关键词：丙烯酰胺，热加工，加工伴生危害物

一、案例正文

丙烯酰胺是一种公认的神经毒素，具有基因毒性、生殖毒性和潜在致癌性，被国际癌症研究机构（International Agency for Research on Cancer，IARC）列为“人类可能的致癌物”（2A类）。2002年以前，丙烯酰胺暴露研究主要集中在以职业暴露和吸烟暴露为主的环境暴露上，然而，非环境暴露的对照组研究对象的血液中也规律性地检出了丙烯酰胺与血红蛋白加合物，意味着存在其他丙烯酰胺暴露来源。瑞典斯德哥尔摩大学的研究人员用油炸饲料饲养动物后，在动物血液中发现丙烯酰胺与血红蛋白加合物，推测丙烯酰胺可能存在于加工食品中，并在多种加工食品中检出不同含量的丙烯酰胺。

2002年4月24日，瑞典国家食品管理局（Swedish National Food Administration）与斯德哥尔摩大学的研究人员联合发布安全警报，称首次在热加工食品中，尤其是油炸马铃薯制品、谷物制品中发现高含量的丙烯酰胺。新闻发布会后的三天内，瑞典薯片销量下降了30% ~50%，几家油炸食品制造商的股价大幅下跌。然而，新闻发布会四天后，消费者开始正常消费油炸食品，国际社会研究人员和记者普遍认为，该警报被夸大，且不恰当。

（一）后续相关事件

2005年，美国加利福尼亚州政府对9家快餐连锁店提起诉讼，要求他们在油炸薯片和薯条的外包装上注明“该食品可能含有丙烯酰胺”。上述公司对此进行了反击，以上公司认为，丙烯酰胺并不仅仅存在于快餐食品中，家庭烹制、工业生产和餐厅制作的食品也含有丙烯酰胺。

2006 年，四川某方便食品企业在成都某商业区举行反油炸方便面活动，以“拒绝油炸，捍卫健康”为由，向油炸方便面企业发难。该企业宣称，油炸方便面会产生丙烯酰胺，号召消费者将手中的油炸方便面丢进垃圾箱，并要求油炸方便面企业公布其产品的丙烯酰胺含量，并在其产品上标注“油炸食品有害健康”。事件影响恶劣，重创了我国油炸方便面行业。中央电视台《经济半小时》栏目就“油炸方便面陷入致癌风波，企业为炒作散布假信息”进行了报道。原国家质检总局产品质量监督司领导在“中国方便面营养安全论坛”上指出，“油炸方便面致癌”的说法是不少媒体在商家利益的驱动下恶意炒作的行为，不仅在消费者中造成了恐慌，而且也扰乱了行业正常经营的秩序。中国农业大学食品科学与营养工程学院教授基于多年的研究成果在“第六届中国面制品产业大会”上表示，通过对市场上销售的主流油炸方便面分析，结果显示方便面中丙烯酰胺含量很低，可以放心食用。

2018 年，美国媒体报道称，某连锁咖啡店的咖啡中含有丙烯酰胺，导致其股价暴跌。美国洛杉矶一家法院裁决，咖啡公司在加利福尼亚州销售的咖啡必须标注癌症警告标签。

2020 年，广东深圳市消费者委员发布报告称，在其送检的 15 款国内外知名品牌薯片中，有 7 款的丙烯酰胺含量高于欧盟设定的基准水平值（750μg/kg），另有 3 款薯片的丙烯酰胺含量超过 2000μg/kg。一时间，相关话题纷纷被推上了微博话题热搜榜。尽管其中一家公司很快做出了回应，但其股价一路走跌。

（二）各方态度及措施

1. 生产厂商及餐饮企业

由于国际社会暂时未对加工食品中丙烯酰胺含量制定强制限量标准，因此，国内外食品生产厂商及餐饮企业，对其产品或食品中含有丙烯酰胺暂未标识，也未限制其产品或食品中的丙烯酰胺含量。

2. 科研机构

科研人员积极分析食品中丙烯酰胺含量、暴露量、形成途径、影响因素及控制策略，试图通过加工手段降低食品中丙烯酰胺含量。

2002 年，*Nature* 杂志发表 2 篇论文，阐述丙烯酰胺可能的形成机制，报道称，除单独加热甲硫氨酸和天冬酰胺可产生少量丙烯酰胺外，单独加热其他必需氨基酸时，并不产生丙烯酰胺。然而，当将等物质的量的天冬酰胺与葡萄糖在高温下（超过 120℃）共同加热时，则可以产生大量的丙烯酰胺。因此推测，食品中的丙烯酰胺主要来源于还原糖和天冬酰胺发生的美拉德反应。

3. 监管部门

2002 年 6 月 25 日至 27 日，世界卫生组织（World Health Organization，WHO）和联合国粮农组织（Food and Agriculture Organization of the United Nations，FAO）紧急召开食品中丙烯酰胺污染专家咨询会议，对食品中丙烯酰胺的食用安全性进行讨论。会议指出，现阶段数据还不能充分地定量估计膳食中丙烯酰胺水平是否有引起癌症风险，但应研究减少食品中丙烯酰胺含量的可能性。

2005 年 2 月 8 日至 17 日，联合国粮农组织和世界卫生组织联合食品添加剂联合专家委员会（Joint FAO/WHO Expert Committee on Food Additives，JECFA）第 64 次会议对食品中的丙烯酰胺问题进行了系统的风险评估。会议指出，在后续获得丙烯酰胺的长期致癌性和神经毒性的证据后，需要重新对丙烯酰胺进行风险评估；应继续使用生理药代动力学模型（Physiologically Based Pharmacokinetic，PBPK）将人类丙烯酰胺暴露评估数据和实验动物毒理学结果联系起来；应持续降低食品中丙烯酰胺含量；应在发展中国家开展丙烯酰胺暴露量调查。

2005 年 4 月 13 日，中华人民共和国卫生部（现中华人民共和国国家卫生和健康委员会）发布《关于减少丙烯酰胺可能导致的健康危害的公告》（2005 年第 4 号），建议尽可能避免连续长时间或高温烹饪淀粉类食品，提倡合理营养，平衡膳食，改变油炸和高脂肪食品为主的饮食习惯，减少因丙烯酰胺可能导致的健康危害。

2009 年 9 月 30 日，国际食品法典委员会（Codex Alimentarius Commission，CAC）发布 CAC/RCP 67 -2009《减低食品中丙烯酰胺的操作规范》，意在为世界各国家和地区的主管当局、制造商及其他相关组织提供指引，以减少食品中丙烯酰胺含量。

2012 年 3 月 15 日，我国国家食品安全风险评估中心发布《食品中丙烯酰胺的危险性评估报告》，对丙烯酰胺引起的神经病理性改变、致癌效应进行评估，并设置暴露边界值（MOE 值）。报告建议采取合理的措施来降低食品中丙烯酰胺的含量，并指出应当关注丙烯酰胺对人类健康的潜在危害。

2013 年 11 月 14 日，美国食品与药物管理局（Food and Drug Administration，FDA）发布指导方案（FDA -2013 -D -0715），意在提供相关加工指导建议，帮助种植者、制造商、食品服务经营商采取措施降低相关食品中丙烯酰胺含量。

2017 年 11 月 20 日，欧盟颁布关于丙烯酰胺的法案 COMMISSION REGULATION（EU）2017/2158，制定食品中丙烯酰胺的基准含量，并要求制造商密切检查并降低产品中的丙烯酰胺含量。

参考文献

[1] IARC. Monographs on the evaluation of carcinogenic risks to humans: Some industrial chemicals [M]. 1994, Vol 60.

[2] Mottram D S, Wedzicha B L, Dodson A T. Food chemistry: acrylamide is formed in the Maillard reaction [J]. Nature, 2002, 419 (6906): 448 -449.

[3] Stadler R H, Blank I, Varga N, et al. Food chemistry: acrylamide from Maillard reaction products [J]. Nature, 2002, 419 (6906): 449 -450.

[4] Tareke, E., Rydberg, P., Karlsson, P., et al. Analysis of acrylamide, a

carcinogen formed in heated foodstuffs [J]. Journal of Agricultural and Food Chemistry, 2002, 50 (17), 4998 – 5006.

二、教学指导意见

(一) 关键问题 (教学目标)

通过本案例教学使学生学会主动学习，掌握食品中化学物风险评估的基本原则和方法，了解食品安全风险管理体系等相关知识。学会分析食品制造过程中的加工伴生危害物的形成规律，并根据其形成途径设计相应的控制技术。

(二) 案例讨论的准备工作

1. 学生讨论内容的准备工作 (要求提前自主学习，独立完成作业)

(1) 食品中化学物风险评估的概念、意义及作用。

(2) 食品中化学物风险评估的基本原则和方法。

(3) 食品中化学物风险评估过程中所考虑的关键问题。

(4) 丙烯酰胺形成途径。

(5) 丙烯酰胺毒性。

(6) 丙烯酰胺控制技术。

2. 学生讨论问题的准备工作 (要求以小组的方式准备，但内容不限于以下选题)

(1) 何种条件下需开展食品中化学物风险评估?

(2) 如何看待食品中化学物污染问题? 应该如何制定限量标准?

(3) 是否应强制在食品包装上标准“本产品含有丙烯酰胺”的标识?

(4) 是否应该制定食品中的丙烯酰胺限量标准?

(5) 除丙烯酰胺外，食品中还有哪些加工伴生危害物? 它们是如何形成的?

(三) 案例分析要点

1. 引导学生了解风险评估在风险分析中的作用

使学生明确食品中的安全风险无处不在，而风险管理措施的确定均需要进行科学的风险分析。风险分析包括风险评估、风险管理和风险交流三部分。风险评估是风险分析的核心内容，需考虑所有可用的相关科学数据，并在现有知识的基础上发现任何不确定因素。

2. 引导学生了解风险评估的适用范围

制定食品中农药残留、兽药残留、污染物和添加剂最大限量以及采纳其他相关危害物管控措施前需要进行风险评估。

3. 引导学生了解实施风险评估的必要性

风险评估为制定风险管理措施提供科学依据。

4 引导学生掌握食品中化学物风险评估的步骤

风险评估包括危害识别、危害特征描述、暴露评估和风险特征描述四个步骤。风险评估是一个概念性框架，针对食品中化学物的安全性，提供一个固定程序的资料审查和评价机制。

5. 引导学生了解风险评估与风险管理之间的关系

风险评估与风险管理的关系是互动的。风险管理者在确定风险分析范围的过程中，尤其是在风险简述时，与风险评估者进行交流和合作。

6. 引导学生将风险评估的理念拓展到其他化学危害物控制中

以此案例为参考，引导学生在了解食品中其他化学物污染情况后，运用风险评估的理念去分析危害物管控措施。

7. 引导学生判断不同饮食方式对食品安全的影响

对比中西方饮食特点，分析不同烹调方式对食品安全的影响，突出文化自信。

（四）教学组织方式

1. 问题清单及提问顺序、资料发放顺序

先发放问题清单，布置作业。发放案例正文，仔细阅读后，随机顺序提问，使学生熟悉风险评估基本原则和流程，了解丙烯酰胺形成途径、危害及其控制技术。

2. 课时分配（时间安排）

该案例教学时数建议4～6学时，事件回顾、问题发放和作业总结2～3学时，讨论和总结2～3学时。

3. 讨论方式（情景模拟、小组式、辩论式等）

根据案例内容和分析要点，分组分析不同食品加工过程中丙烯酰胺形成关键控制点，并有针对性的设计抑制途径，并重点分析风险评估工作在食品化学物控制措施制定上的重要作用。

4. 课堂讨论总结

由任课教师完成，主要总结食品中丙烯酰胺发现过程中可借鉴的经验，鼓励学生抓住实验中所观察到的不寻常的现象，培养学生的探索和创新精神；强调风险评估在食品化学物风险分析中的重要作用。

（五）其他

1. 计算机及视听辅助手段支持

推荐案例相关的视频在课堂播放。

2. 建议的板书

记录课堂分析要点和讨论结果，给出提示词。

3. 本案例启示

（1）加工伴生危害物　食品加工伴生危害物，是由食品内源性组分在食品加工过程中发生化学或生物化学反应形成的一类危害物，较外源性危害物，其存在不易被发觉。但随着食品安全理论的不断完善及检测技术的不断进步，未来的研究中必然会面对更多的加工伴生危害物。因此，需要不断完善食品安全理论体系，以应对未知的食品安全风险，提高食品安全性，保证消费者健康。对于加工伴生危害物的管理，应根据食品化学物风险评估结果制定科学的风险管理措施。

（2）企业的食品安全管理　食品加工伴生危害物虽然是加工伴生形成，但可通过有效的控制手段减少或彻底去除。由于其对消费者身体健康存在潜在威胁，即使现阶段世界各国及国际组织暂未对食品中某些加工伴生危害物含量规定强制性限量标准，企业仍应提前预警，主动出击，主动作为，设置相应的企业标准，通过优化加工工艺，降低食品中加工伴生危害物含量。在保证消费者健康的同时，树立企业正面形象，避免因突然的加工伴生危害物调查导致的企业形象受损。

（3）危害物限量标准制定　针对新发现的化学危害物，政府主管部门需要开展食品化学物风险评估，并根据评估结果积极主动地确立相关的国家标准，把潜在的安全风险消灭在萌芽状态，保证消费者健康，避免市场恐慌。

（4）消费者辨别是非能力　针对该事件，根据已经学习的食品安全知识，科学理性地分析食品中危害物可能带来的食品安全风险。另外，继续追踪该案件发生时各方反应与应对结果对事后行业、企业和食品安全公共管理等社会和科学产生的深远影响。反思并展望我国是否有新的技术或方法可应用于该类安全风险的控制。

（5）媒体的正确引导　媒体需要提高自身科学素养，明辨真伪，避免宣传不实信息对社会造成负面影响，甚至引发恐慌。

（6）其他　可以进一步思考和讨论以下问题：

①如何鉴定新型加工伴生危害物?

②如何明确新型加工伴生危害物的形成途径?

③如何结合加工伴生危害物的形成途径设计控制技术?

附录

部分案例教学问题及其答案

使用说明：

附录内容为食品安全相关的基础知识介绍，以供学生在学习期间查阅和拓展食品安全知识。但是这部分内容并不能涵盖本书所有案例的知识点。所以，学生根据案例进行食品安全知识学习或讨论时还需查阅更广范围的资料。

1. 什么是食品安全事件？食品安全事件有何特点？

食品安全事件有狭义和广义两种。狭义的食品安全事件指食品安全事故，指食物中毒、食源性疾病、食品污染等源于食品，对人体健康有危害或者可能有危害的事故。广义食品安全事件指与食品安全相关的各种新闻事件。

食品安全问题是一个系统问题，在全世界范围内都普遍存在。我国现阶段的国情和所实行的经济制度、政策法规决定了出现的食品安全事件主要有以下特点。

（1）与政府管理相关

①食品安全监管主体设置不当：我国食品安全的监管采用分段管理的模式，在种植养殖、批发零售、餐饮加工等环节由不同的政府机构负责监管。与美国和欧盟相比，我国食品安全分段管理的模式导致监管过程中政出多门，造成监管机构职能的交叉、重叠和空白。

②食品安全立法存在缺陷：我国食品安全立法的系统性较差，食品链的概念在立法中贯彻不足，食品安全标准设置较低且缺乏一致性，部分安全标准尚未与国际接轨。

③地方保护主义影响食品安全监管执行：很多的食品企业存在进入门槛低、竞争压力大的问题，为了追求利益，有些企业选择价低质劣的原料进行生产，简化生产环节和质量检验环节，滥用添加剂等；个别地方政府甚至出现袒护食品安全问题企业的倾向。政府管理部门在监督中失职、缺位，易使食品安全事件个案转变成普遍事件。

（2）与食品市场相关

①食品企业的特点：我国中小食品企业众多，企业规模化、集约化程度低，管理水平不高。从业者受教育程度低，素质参差不齐，安全意识不高。由于我国食品追溯机制尚不完善，中小企业的违法成本低，使一些企业单纯追求收入提高而罔顾食品安全。

②食品企业社会责任意识淡薄：食品安全问题不仅严重损害居民健康，还严重影响广大消费者对食品安全的信心。

③信息不对称引发食品安全问题：从原料的种植、养殖过程到加工、包装过程再到运输过程直至最后市场流通过程，食品产业链上的每一环节都对食品安全产生直接或间接影响，食品的生产者和销售者始终处于信息掌握的优势地位，构成了食品生产、运输、销售从业者与消费者的信息不对称，消费者很难在消费食品之前获知食品的详细信息。

（3）新媒体在食品安全事件的传播和食品安全问题的揭露上扮演重要角色　与电视、广播、报纸等传统媒体相比，新媒体信息来源广、传播速度快、范围大。例如，2011 年的“蕉癌”事件中，新媒体造成“食用病蕉会罹患癌症”的虚假信息广泛传播，海南香蕉业蒙受不白之冤，大受打击。究其原因，一是食品安全问题严重，公众为了生命健康宁可信其有，不可信其无；二是部分企业社会责任缺失导致信任危机，进而拖累整个行业；三是造谣者文化程度低，科学素养差，法律意识淡薄；四是政府部门动作迟缓，监管不力，食品安全法律法规不完善，食品安全科普不到位；五是媒体为迎合公众对信息不加甄别。新媒体背景下，有关食品安全突发事件的负面舆论容易在社会上造成严重影响，打击消费者信心，引起过度恐慌和不理性行为；严重影响企业信誉和政府公信力，甚至累及经济发展。因此，政府部门和媒体有必要进行正确的舆论引导。

2.《中华人民共和国食品安全法》关于食品安全主体责任的规定。

（1）食品生产经营企业，包括食品生产企业，食品经营者，餐饮企业，食品添加剂生产者，食品添加剂经营者，以及保健食品生产和经营者等，依据《中华人民共和国食品安全法》（以下简称《食品安全法》）第四条，食品生产经营者对其生产经营食品的安全负责。食品生产经营者应当依照法律、法规和食品安全标准从事生产经营活动，保证食品安全，诚信自律，对社会和公众负责，接受社会监督，承担社会责任。

（2）从事食品贮存、运输和装卸的，依据《食品安全法》第三十三条，非食品生产经营者从事食品贮存、运输和装卸的，应当符合前款第六项的规定，即贮存、运输和装卸食品的容器、工具和设备应当安全、无害，保持清洁，防止食品污染，并符合保证食品安全所需的温度、湿度等特殊要求，不得将食品与有毒、有害物品一同贮存、运输。

（3）食品生产加工小作坊和食品摊贩等，依据《食品安全法》第三十六条，食品生产加工小作坊和食品摊贩等从事食品生产经营活动，应当符合本法规定的与其生产经营规模、条件相适应的食品安全要求，保证所生产经营的食品卫生、无毒、无害，食品安全监督管理部门应当对其加强监督管理。

（4）食用农产品生产者，依据《食品安全法》第四十九条，食用农产品生产者应当按照食品安全标准和国家有关规定使用农药、肥料、兽药、饲料和饲料添加剂等农业投入品，严格执行农业投入品使用安全间隔期或者休药期的规定，不得使用国家明令禁止的农业投入品。禁止将剧毒、高毒农药用于蔬菜、瓜果、茶叶和中草药材等国家规定的农作物。食用农产品的生产企业和农民专业合作经济组织应当建立农业投入品使用记录制度。

（5）食品相关产品的生产者，依据《食品安全法》第五十二条，食品、食品添加剂、食品相关产品的生产者，应当按照食品安全标准对所生产的食品、食品添加剂、食品相关产品进行检验，检验合格后方可出厂或者销售。

（6）餐饮服务提供者，依据《食品安全法》第五十五条，餐饮服务提供者应当制定并实施原料控制要求，不得采购不符合食品安全标准的食品原料。倡导餐饮服务提供者公开加工过程，公示食品原料及其来源等信息。

（7）学校、托幼机构、养老机构、建筑工地等集中用餐单位的食堂，依据《食品安全法》第五十七条，学校、托幼机构、养老机构、建筑工地等集中用餐单位的食堂应当严格遵守法律、法规和食品安全标准；从供餐单位订餐的，应当从取得食品生产经营许可的企业订购，并按照要求对订购的食品进行查验。供餐单位应当严格遵守法律、法规和食品安全标准，当餐加工，确保食品安全。学校、托幼机构、养老机构、建筑工地等集中用餐单位的主管部门应当加强对集中用餐单位的食品安全教育和日常管理，降低食品安全风险，及时消除食品安全隐患。

（8）餐具、饮具集中消毒服务单位，依据《食品安全法》第五十八条，餐具、饮具集中消毒服务单位应当具备相应的作业场所、清洗消毒设备或者设施，用水和使用的洗涤剂、消毒剂应当符合相关食品安全国家标准和其他国家标准、卫生规范。

（9）集中交易市场的开办者、柜台出租者和展销会举办者，依据《食品安全法》第六十一条，应当依法审查入场食品经营者的许可证，明确其食品安全管理责任，定期对其经营环境和条件进行检查，发现其有违反本法规定行为的，应当及时制止并立即报告所在地县级人民政府食品安全监督管理部门。

（10）食用农产品批发市场，依据《食品安全法》第六十四条，食用农产品批发市场应当配备检验设备和检验人员或者委托符合本法规定的食品检验机构，对进入该批发市场销售的食用农产品进行抽样检验；发现不符合食品安全标准的，应当要求销售者立即停止销售，并向食品安全监督管理部门报告。

（11）网络食品交易第三方平台提供者，依据《食品安全法》第六十二条，网络食品交易第三方平台提供者应当对入网食品经营者进行实名登记，明确其食品安全管理责任；依法应当取得许可证的，还应当审查其许可证。

3. 我国食品安全应急管理制度。

（1）设置食品安全应急管理制度的目的　为了进一步加强食品安全质量，实施有效的食品质量安全监督措施，为了维护消费者的利益和生命安全，确保食品安全。

（2）应急方案启动

①如两个或两个以上市场反馈同一批次的产品，发生食用后腹泻等影响消费者身体健康的现象，主要包括化学的、生物的危害，或较大的物理危害，或出现批量的明显的影响消费者身体健康的质量事故，如批量涨袋、出现漏气、发臭等，视为发生食品安全事故。

②发生食品质量安全事件，立即启动安全应急处置方案。各相关责任部门和责任人应立即责任分工，投入应急处理程序工作，并随时向各职能部门反馈质量报告情况。

（3）应急措施

①立即向供销和质检等职能部门进行反馈和信息沟通，便于问题在市场上得到妥善和积极处理。

②派质检人员与职能部门专业人员一起，到事故发生现场，查看产品质量状况，事故发生状态及影响范围等情况，将样品送厂，并做出初步的判断和处理。

③相关生产车间，要排查此批次产品的产量和范围。

④询问其他发货范围的销售公司，是否有此类现象的发生。

⑤排查此批次产品生产所用的原料和辅料及包装物的名称、数量、生产厂家以及其他产品是否使用此批原辅料或包装物，若有使用，查看使用产品的质量状态，生产批量及发货范围。

⑥排查此批原辅料是否有理化指标的检测，以往供应厂家的质量及理化指标检测的情况；同时排查此批产品所用包装物、原料是否有变化。

⑦排查生产环节的各项生产记录，还原当天生产状况。

⑧通过以上排查，初步判断出质量事故发生的原因，对怀疑因素进行进一步的判断。

⑨对怀疑因素和环节，进行至少三种的重复性试验，通过试验，确定质量事故发生的原因。

⑩对于市场上的事故发生态势积极关注和沟通，并与相关职能部门配合，做好其他善后处理工作。

（4）产品回收

①通过排查和确定事故发生的原因，与职能部门沟通后确认此批产品有回收的必要，应对产品进行回收。产品回收时，按发货区域、数量及日期批次进行回收。回收后按正常退货程序进行退货。

②退货时应与职能部门沟通，确定统一退回总部或分公司。产品退货后积极对退货产品进行观察。

（5）恢复和善后　食品安全事故发生后需要做好善后工作，恢复正常的生产生活秩序，主要包括：依法惩处违法涉案人员，平复受害者的报复情绪；消除社会恐慌心理，恢复人们对食品安全的信心；做好赔偿或补偿以及救助工作；总结经验教训，进一步完善和优化应急管理机制。

4. 我国食品安全相关的管理部门有哪些？

从 1998 年国家药监局成立以来，食药监管体制几经变迁，总体经历了从“垂直分段”向“属地整合”的转变。

2018 年“两会”期间，我国实施了新一轮的大部制改革。由于我国的食品药品监督管理体系还有进一步改革完善的空间，也被列入本次大部制改革之列。3 月 13 日，国务院机构改革方案被公布。方案里提到：

（1）组建国家市场监督管理总局，作为国务院直属机构。其主要职责是负责市场综合监督管理，统一登记市场主体并建立信息公示和共享机制，组织市场监管综合执法工作，承担反垄断统一执法，规范和维护市场秩序，组织实施质量强国战略，负责工业产品质量安全、食品安全、特种设备安全监管，统一管理计量标准、检验检测、认证认可工作等。

（2）保留 2010 年国务院设立的食品安全委员会，但具体工作由国家市场监督管理总局承担。

（3）不再保留国家工商行政管理总局、国家质量监督检验检疫总局、国家食品药品监督管理总局。

（4）考虑到药品监管的特殊性，单独组建国家药品监督管理局，由国家市场监督管理总局管理。

5. 食品分析样本的采样原则及实施要求。

食品分析的样本量很大，如果逐一检测往往会耗时耗力同时还会使食品丧失食用价值，因此采样要制定科学的方法。另外，食品检测结果的准确性和采样过程有着密切关系，那么如何使用少量的样本准确反映总体样本的信息是食品生产过程管理中关注的重点。在 GB/T 28863—2012《商品质量监督抽样检验程序　具有先验质量信息的情形》规定了采样原则和执行方法。

（1）采样原则

①代表性原则：采集的样品能真正反映被采样本的总体水平，也就是通过对代表性样本的监测能客观推测食品的质量。

②典型性原则：采集能充分说明达到监测目的典型样本，包括污染或怀疑污染的食品、掺假或怀疑掺假的食品、中毒或怀疑中毒的食品等。

③适时性原则：因为不少被检物质总是随时间发生变化的，为了保证得到正确结论应尽快检测。

④适量性原则：样品采集数量应满足检验要求，同时不应造成浪费。

⑤不污染原则：所采集样品应尽可能保持食品原有的品质及包装形态。所采集的样品不得掺入防腐剂、不得被其他物质或致病因素所污染。

⑥无菌原则：对于需要进行微生物项目检测的样品，采样必须符合无菌操作的要求，一件采样器具只能盛装一个样品，防止交叉污染。并注意样品的冷藏运输与保存。

⑦程序原则：采样、送检、留样和出具报告均按规定的程序进行，各阶段均应有完整的手续，交接清楚。

⑧同一原则：采集样品时，检测及留样、复检应为同一份样品，即同一单位、同一品牌、同一规格、同一生产日期。

（2）执行方法

①随机性采样：均衡地、不加选择地从全部批次的各部分，按规定数量采样。采用随机性采样方式时，必须克服主观倾向性。

②针对性采样：根据已掌握的情况有针对性地选择。如怀疑某种食物可能是食物中毒的原因食品，或者感官上已初步判定出该食品存在卫生质量问题，而进行有针对性的选择采集样品。

③理化样品采样方法。

a. 散装食品采样方法。

• 液体、半液体样品：采样前先检查样品的感官性状，然后将样品搅拌均匀或摇动混匀后采样，采用三层五点法。对流动的液体样品，可定时定量，从输出口取样后混合留取检验所需样品。

• 固体样品：采用三层五点法。从各点采出的样品要做感官检查，感官性状基本一致，可以混合成一个样本。如果感官性状明显不同，则不要混合，要分别盛装。

b. 大包装食品采样方法。

• 液体、半液体样品：采样前摇动或搅拌液体，尽量使其达到均质。采样前应先将采样用具浸入液体内略加漂洗，然后再取所需量的样品，取样量不应超过其容器量的四分之三，以便检验前将样品摇匀。大包装食品常用铁桶或塑料桶，容器不透明，很难看清楚容器内物质的实际情况。采样前，应先将容器盖子打开，用采样管直通容器底部，将液体吸出，置于透明的玻璃容器内，做现场感官检查。检查液体是否均一，有无杂质和异味，然后将这些液体充分搅拌均匀，装入样本容器内。

• 颗粒或粉末状的固体样品：每份样品应用采样器由几个不同部位分层采取，一起放入一个容器内。

c. 小包装食品采样方法。

直接食用的小包装食品，尽可能取原包装，直到检验前不要开封，以防止污染。

d. 其他食品采样方法。

• 肉类：在同质的一批肉中，采用三层五点法。如品质不同，可将肉品分类后再分别取样。也可按分析项目的要求重点采取某一部位。

• 鱼类：经感官检查质量相同的鱼采用三层五点法。大鱼可只割取其局部作为样品。

• 烧烤熟肉（如猪、鹅、鸭）：检查表面污染情况，采样方法可用表面涂抹法。大块熟肉采样，可在肉块四周外表均匀选择几个点。

• 食具：采用试纸法采样检测。

• 冷冻食品：对大块冷冻食品，应从几个不同部位采样，在将样品检验前，要始终保持样品处于冷冻状态。样品一旦解冻，不可使其再冻，保持冷却即可。

• 生产过程中的采样：划分检验批次，应注意同批产品质量的均一性。

④现场采样质量控制。

a. 所有采样用具、容器及现场测定项目的各种设备，必须保持清洁，处于正常工作状态。应防止采集的样本污染和变质。需复检、留样的样本不得做现场测定，样品容器必须专瓶专用。分析有机化合物的样本，应使用有机溶剂荡洗过的尼龙塞或铝箔衬里。注意手和手套不得与样品瓶内壁或瓶塞接触，样本容器和过滤设备等须置于清洁环境内，远离灰尘、烟雾。样本根据推荐的方法加保存剂，按需要避光保存，或存放在暗处或冰箱保存。

b. 质量控制是现场质量保证的基本组成部分。除采用标准化的现场采样步骤外，还须在现场做空白样和平行样，以测试保存剂的纯度，检查采样过程中采样容器或其他设备的污染情况，采集平行样，检查采样的再现性。

c. 在查明某一工序的卫生状况时，可在这一工序处理前和处理后各取一份样本作对照。如对手工包装工序，可采包装前和包装后的样本，还可直接用灭菌棉拭子抹擦操作工人的手指，进行细菌培养，证明污染程度。

6. 食品安全国家标准中有关的微生物污染的相关规定。

微生物污染是指由细菌与细菌毒素、霉菌与霉菌毒素和病毒造成的食品生物性污染。微生物污染也是主要传染性疾病的源头。国家食品安全标准中涉及微生物污染检测和微生物污染限量的标准有很多，如：GB 14881—2013《食品安全国家标准　食品生产通用卫生规范》、GB 31621—2014《食品安全国家标准　食品经营过程卫生规范》、GB 2761—2017《食品安全国家标准　食品中真菌毒素限量》、GB 4789.1—2016《食品安全国家标准　食品微生物学检验　总则》等。在 GB 14881—2013《食品安全国家标准　食品生产通用卫生规范》中对微生物污染做出了如下规定。

（1）清洁和消毒

①应根据原料、产品和工艺的特点，针对生产设备和环境制定有效的清洁消毒制度，降低微生物污染的风险。

②清洁消毒制度应包括以下内容：清洁消毒的区域、设备或器具名称；清洁消毒工作的职责；使用的洗涤、消毒剂；清洁消毒方法和频率；清洁消毒效果的验证及不符合要求时的处理；清洁消毒工作及监控记录。

③应确保实施清洁消毒制度，如实记录；及时验证消毒效果，发现问题及时纠正。

（2）食品加工过程的微生物监控

①根据产品特点确定关键控制环节进行微生物监控；必要时应建立食品加工过程的微生物监控程序，包括生产环境的微生物监控和过程产品的微生物监控。

②食品加工过程的微生物监控程序应包括：微生物监控指标、取样点、监控频率、取样和检测方法、评判原则和整改措施等，具体可结合生产工艺及产品特点制定。

③微生物监控应包括致病菌监控和指示菌监控，食品加工过程的微生物监控结果应能反映食品加工过程中对微生物污染的控制水平。

7. 食品安全标准中微生物污染的种类和限量制定的科学依据。

（1）食品微生物限量要求　食品微生物检验的限量要求就是根据食品卫生要求，从微生物学的角度，对不同食品提出有关的微生物具体限量要求。我国原卫生部颁布的食品微生物指标有菌落总数、大肠菌群和致病菌三项。

①菌落总数：菌落总数是指食品检样经过处理，在一定条件下培养后所得 1g 或 1mL 检样中所含细菌菌落的总数。它可以反应食品的新鲜度、被细菌污染的程度、生产过程中食品是否变质和食品生产的一般卫生状况等。因此它是判断食品卫生质量的重要依据之一。

②大肠菌群：包括大肠杆菌和产气杆菌的一些中间类型的细菌。这些大肠菌群是寄居于人及温血动物肠道内的常居菌，它随着大便排出体外。食品中大肠菌群数越多，说明食品受污染的程度越大。因此以大肠菌群作为食品污染的卫生指标来评价食品的质量，具有广泛的意义。

③致病菌：致病菌即能够引起人们发病的细菌。对不同的食品和不同的场合，应选择一定的参考菌群进行检验。例如：海产品以副溶血性弧菌作为参考菌群，蛋与蛋制品以沙门氏菌、金黄色葡萄球菌、变形杆菌等作为参考菌群，米、面类食品以蜡样芽孢杆菌、变形杆菌、霉菌等作为参考菌群，罐头食品以耐热性芽孢杆菌作为参考杆菌群等。

此外，关于霉菌及其毒素，我国还没有制定出具体指标，鉴于有很多霉菌能够产生毒素，引起疾病，故应该对产毒霉菌进行检验。如曲霉属的黄曲霉、寄生曲霉等，青霉属的橘青霉、岛青霉等，镰刀霉属的串珠镰刀霉、禾谷镰刀霉等。

（2）微生物检测采样原则　根据检验目的、食品特点、批量、检验方法、微生物的危害程度等确定采样方案。采样方案分为二级和三级，二级采样方案设有 n、c 和 m 值，三级采样方案设有 n、c、m 和 M 值。

n：同一批次产品应采集的样品件数；c：最大可允许超出 m 值的样品数；m：微生物指标可接受水平限量值（三级采样方案）或最高安全限量值（二级采样方案）；M：微生物指标的最高安全限量值。

若按照二级采样方案设定的指标，在 n 个样品中，允许有 $\leqslant c$ 个样品其相应微生物指标检验值大于 m 值。

注：按照三级采样方案设定的指标，在 n 个样品中，允许全部样品中相应微生物指标检验值小于或等于 m 值；允许有 $\leqslant c$ 个样品其相应微生物指标检验值在 m 值和 M 值之间；不允许有样品相应微生物指标检验值大于 M 值。

例如：$n=5$，$c=2$，$m=100$CFU/g，$M=1000$CFU/g。含义是从一批产品中采集 5 个样品，若 5 个样品的检验结果均小于或等于 m 值（$\leqslant 100$CFU/g），则这种情况是允许的；若 $\leqslant 2$ 个样品的结果（X）位于 m 值和 M 值之间（100CFU/g $< X \leqslant$ 1000CFU/g），则这种情况也是允许的；若有 3 个及以上样品的检验结果位于 m 值和 M 值之间，则这种情况是不允许的；若有任一样品的检验结果大于 M 值（>1000CFU/g），则这种情况也是不允许的。

（3）食品卫生标准的微生物指标设定及限量标准　国际上，食品微生物标准指标类型可分为：①微生物标准。从法规或政策的角度来考虑食品的可接受性，是强制性的（监督、管理部门使用）。②微生物指南。是建议性的，用来指示当采用良好规范（GMP、HACCP）来生产安全食品时的预期结果（行业协会、企业、管理部门）。③微生物规格。用于原料采购时的微生物限量标准（商业贸易）。

但由于在不同的微生物标准类型中，其微生物指标或规格的设置方式不同。例如不同国家、不同产品，对致病菌指标的设定不一致（有的根本就没有设致病菌指标）。如霉菌和酵母菌广泛分布于外界环境中，它们在食品上可以作为正常菌相的一部分而存在。而对于系列致病菌则有明确的限量规定。

GB 29921—2021《食品安全国家标准　预包装食品中致病菌限量》则对肉制品、水产制品、即食蛋制品、粮食制品、即食豆制品、巧克力类及可可制品、即食果蔬制品、饮料、冷冻饮品、即食调味品、坚果与籽类食品等食品中沙门氏菌、单核细胞增生李斯特氏菌、大肠杆菌 O157:H7、金黄色葡萄球菌、副溶血性弧菌等 5 种致病菌进行了限量规定。其制定目的是控制食品中致病菌污染，预防食源性疾病。致病菌限量指标的设置是以科学为依据，在食品中致病菌风险监测和风险评估基础上，综合分析相关致病菌或其代谢产物可能造成的健康危害、原料中致病菌情况、食品加工、贮藏、销售和消费等各环节致病菌变化情况，以及各类食品的消费人群和分析相关致病菌指标的应用成本/效益等因素，同时参考国外评估结果和标准，对具体的微生物种类和限量进行了规定。

①食品中酵母菌和霉菌：酵母菌和霉菌广布于外界环境中，它们在食品上可以作为正常菌相的一部分而存在，对其量的规定因食品种类而各异。如巧克力产品（白巧克力、牛奶/未加牛奶巧克力、黑巧克力）"菌落总数" 从最大 1000CFU/g 到 100000CFU/g 不等，可可粉产品的菌落总数 10000CFU/g（附图 1 至附图 4）。

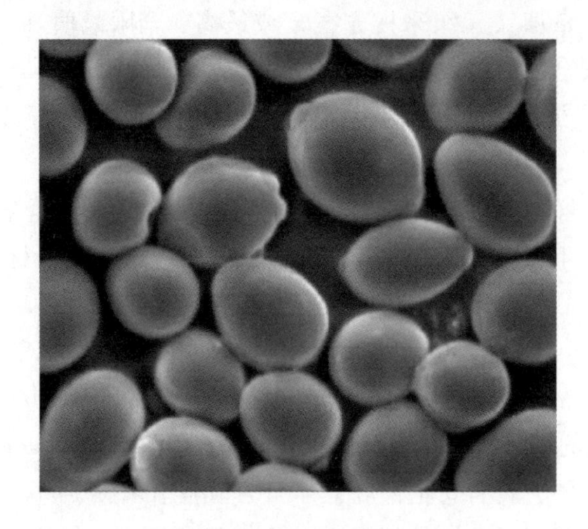

附图 1　酵母菌形态

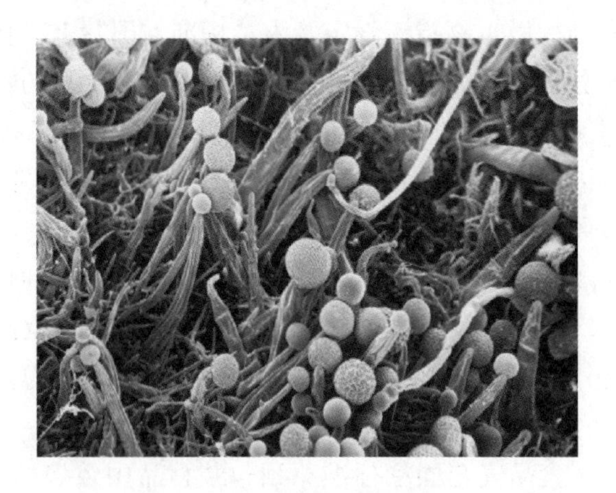

附图 2　毛霉菌丝及孢子形态

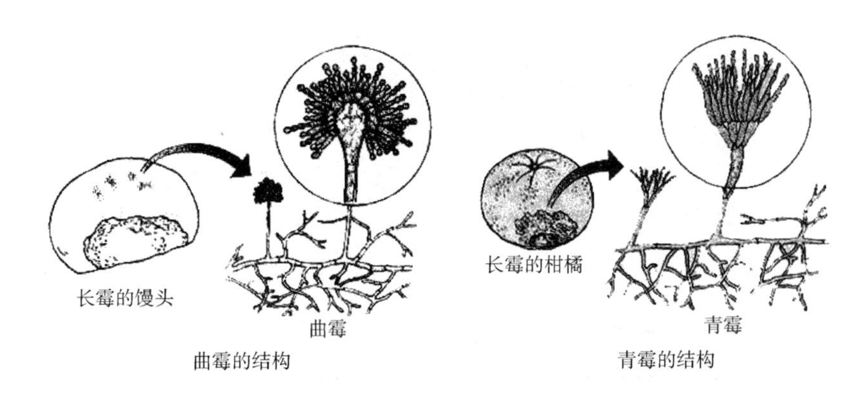

附图 3 曲霉和青霉的结构

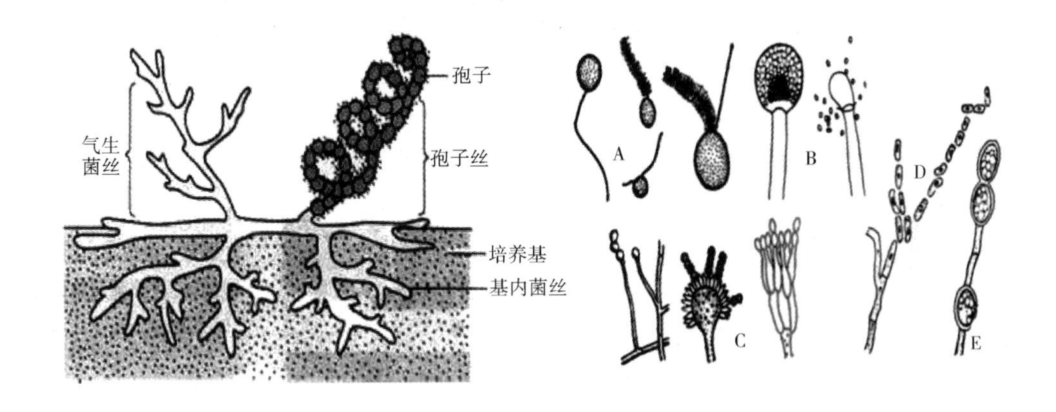

附图 4 真菌菌丝及孢子

A—游动孢子（Zoospore） B—孢囊孢子（Sporangiospore） C—分生孢子（Conidiospora）
D—节孢子（Arthrospore） E—厚垣孢子（Chlamydospore）

②沙门氏菌：沙门氏菌属是一群形态和培养特性都类似的肠杆菌科中的一个大属，也是肠杆菌科中最重要的病原菌属，它包括将近2000个血清型，形态见附图5。沙门氏菌病常在动物中广泛传播，人的沙门氏菌感染和带菌也非常普遍。动物的生前感染或食品受到污染均可使人发生食物中毒。世界各地的食物中毒中，沙门氏菌食物中毒常占首位或第二位。沙门氏菌常作为进出口食品和其他食品的致病菌指标。因此，检查食品中的沙门氏菌极为重要。沙门氏菌是全球和我国细菌性食物中毒的主要致病菌，各国普遍提出该致病菌限量要求。参考国际食品法典委员会（Codex Alimentarius Commission，CAC）、国际食品微生物标准委员会（International Commission on Microbiological Specifications for Food，ICMSF）、欧盟、澳大利亚和新西兰、美国、加拿大、中国香港、中国台湾等国际组织、国家和地区的即食食品中沙门氏菌限量标准及规定，我国现行食品标准中沙门氏菌规定，按照二级采样方案对所有11类食品设置沙门氏菌限量规定，具体为 $n=5$，$c=0$，$m=0$（即在被检的5份样品中，不允许任一样品检出沙门氏菌）。

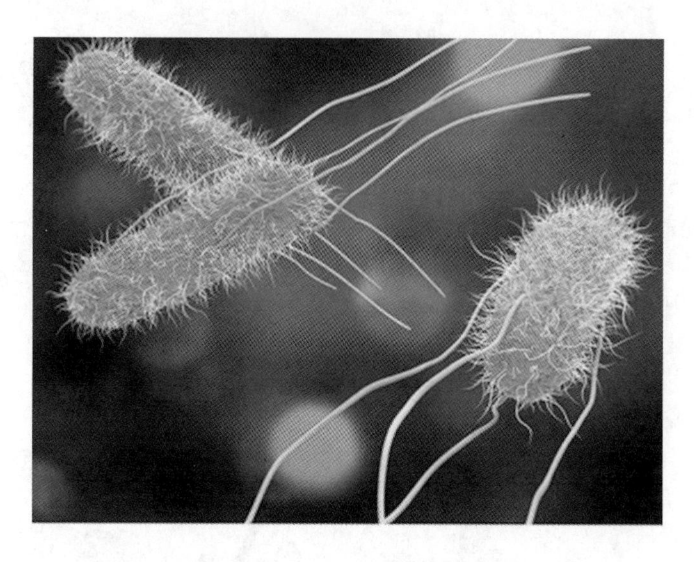

附图 5　沙门氏菌形态

③单核细胞增生李斯特氏菌：单核细胞增生李斯特氏菌（附图 6）是重要的食源性致病菌。鉴于我国没有充足的临床数据支持，根据我国风险监测结果，从保护公众健康角度出发，参考联合国粮农组织/世界卫生组织即食食品中单核细胞增生李斯特氏菌的风险评估报告和国际食品法典委员会、欧盟、国际食品微生物标准委员会等国际组织即食食品中单核细胞增生李斯特氏菌限量标准，按二级采样方案设置了高风险的即食肉制品中单核细胞增生李斯特氏菌限量规定，具体为 $n=5$，$c=0$，$m=0$（即在被检的 5 份样品中，不允许任一样品检出单核细胞增生李斯特氏菌）。

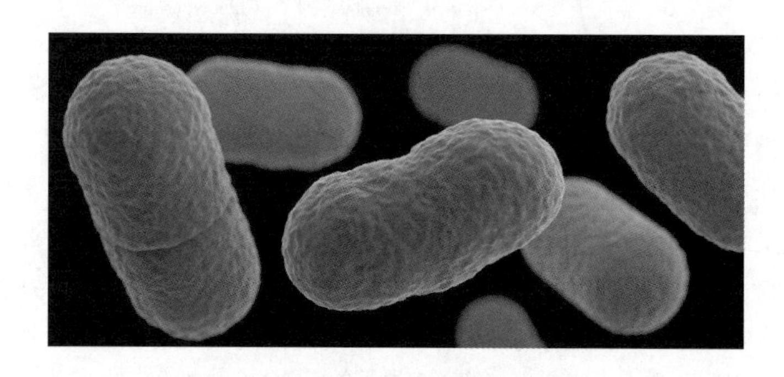

附图 6　单核细胞增生李斯特氏菌形态

④大肠杆菌 O157:H7：美国、日本等相关国家曾发生牛肉和蔬菜引起的大肠杆菌 O157:H7 食源性疾病。我国虽无典型的预包装熟肉制品引发的大肠杆菌 O157:H7 食源性疾病，但为降低消费者健康风险，结合风险监测和风险评估情况，按二级采样方案设置熟牛肉制品和生食牛肉制品、生食果蔬制品中大肠杆菌 O157:H7 限量规定，具体为 $n=5$，$c=0$，$m=0$（即在被检的 5 份样品中，不允许任一样品检出大肠杆菌 O157:H7）。大肠杆菌形态见附图 7。

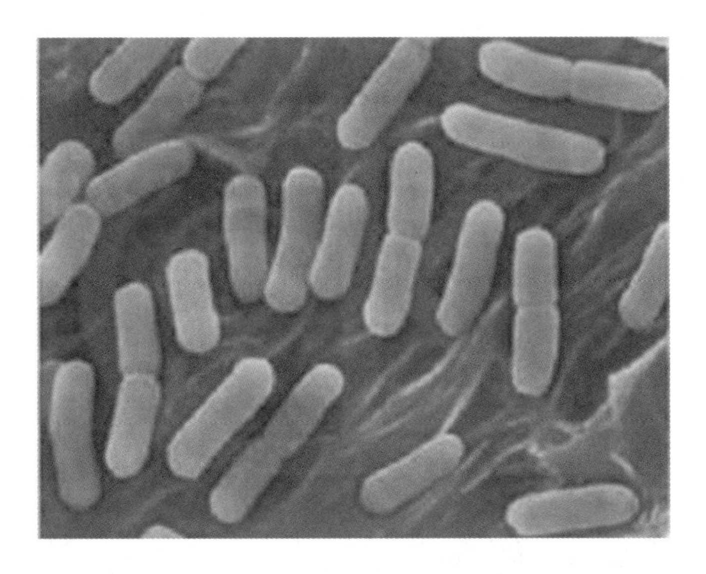

附图 7　大肠杆菌形态

⑤金黄色葡萄球菌：金黄色葡萄球菌（附图 8）是我国细菌性食物中毒的主要致病菌之一，其致病力与该菌产生的金黄色葡萄球菌肠毒素有关。根据风险监测和评估结果，参考国际食品法典委员会、国际食品微生物标准委员会、澳大利亚、新西兰、中国香港、中国台湾等国际组织、国家和地区不同类别即食食品中金黄色葡萄球菌限量标准，按三级采样方案设置肉制品、水产制品、粮食制品、即食豆类制品、即食果蔬制品、饮料、冷冻饮品及即食调味品等 8 类食品中金黄色葡萄球菌限量，具体为 $n=5$，$c=1$，$m=100$CFU/g（mL），$M=1000$CFU/g（mL），即食调味品中金黄色葡萄球菌限量为 $n=5$，$c=2$，$m=100$CFU/g（mL），$M=10000$CFU/g（mL）。

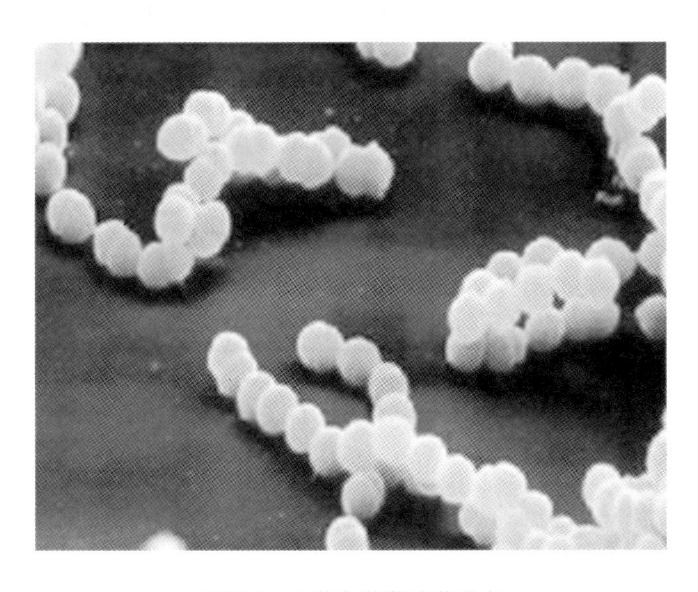

附图 8　金黄色葡萄球菌形态

⑥副溶血性弧菌：副溶血性弧菌（附图9）是我国沿海及部分内地区域食物中毒的主要致病菌，主要污染水产制品或者交叉污染肉制品等，其致病性与带菌量及是否携带致病基因密切相关。根据现行水产品中副溶血性弧菌的相关标准，结合风险监测和风险评估结果，参考国际食品微生物标准委员会、欧盟、加拿大、日本、澳大利亚、新西兰、中国香港等国际组织、国家和地区的水产品中副溶血性弧菌限量标准，设置水产制品、水产调味品中副溶血性弧菌的限量三级采样方案为 $n=5$，$c=1$，$m=100$MPN/g（mL），$M=1000$MPN/g（mL）。

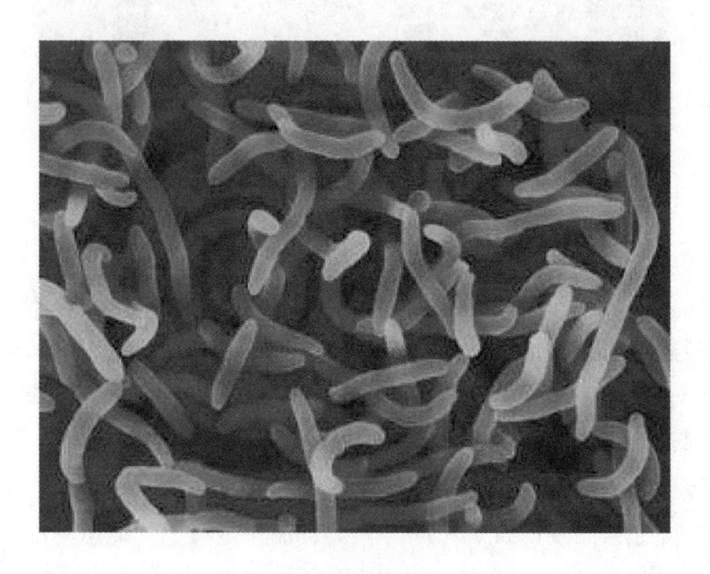

附图9　副溶血性弧菌形态

8. 微生物感染与毒素感染分别有什么不同的症状？几种常见的微生物感染及其毒素感染致病条件及危害性有哪些？

微生物感染包括细菌性感染，病毒和真菌及其毒素的感染。微生物感染后的病症表现因其中毒的病菌种类不同而异，但具有共同而显著的症状，如腹痛、呕吐、腹泻等。微生物感染中最常见的是细菌性的感染，包括活菌型和毒素型，其中活菌感染的症状有发热、消化道炎症性反应等。毒素感染的症状则是神经等全身中毒反应，如呕吐、腹泻等。

（1）副溶血性弧菌　致病条件：主要存在于鱼、虾、蟹、贝类和海藻等海产品中，食品容器、砧板、切菜刀等处理食品的工具生熟不分，就会通过上述工具污染熟食品和凉拌菜。症状：如果食用了食物被感染，人体会出现腹痛、呕吐、腹泻及水样便的症状。严重时患者还会因脱水、血压下降造成休克。

（2）沙门氏菌属　致病条件：在各种家禽、家畜喂养、屠宰、运输、包装等加工处理和经销过程中均有污染的机会，沙门菌经粪便－口腔途径传播，对人和动物均适应。摄入大量的沙门氏菌（10^5～10^6）才能引起健康人胃肠炎，婴幼儿、年老体弱者、慢性疾病患者摄入少量就会致病。胃酸减少、胃排空增快，肠蠕动变慢、肠道菌群失调等都会增加感染沙门氏菌的机会。症状：活菌型感染表现为急性胃肠炎。如果细菌已经产生毒素，可引起中枢神经系统症状，表现为体温升高、痉挛等。一般病程为 3 ~ 7 天，死亡率较低。

（3）金黄色葡萄球菌　致病条件：金黄色葡萄球菌能产生多种毒素，耐热肠毒素是引起食物中毒的致病因子。人中毒是由于摄入了食物中的某些金黄色葡萄球菌产生的肠毒素，通常这些食品没有保存在足够热（60℃以上）或足够冷（7.2℃以下）的条件下。手接触是目前最常见的传播途径。所有人都可能中毒，但症状的强度可能有不同。症状：急性胃肠炎症状，恶心、反复喷射样呕吐，并伴有头晕、头痛、腹泻等。

（4）李斯特菌　致病条件：李斯特菌在自然界中广泛存在，通过粪便 - 口腔的途径进行传播。4℃条件下仍能生长繁殖。症状：在起初感染的健康成人会出现轻微类似流感症状。新生儿、孕妇、免疫缺陷患者表现为呼吸急促、呕吐、出血性皮疹、化脓性结膜炎、发热、抽搐、昏迷、脑膜炎、败血症甚至死亡。

（5）肉毒梭菌　致病条件：肉毒梭菌产生的肉毒毒素是一种嗜神经毒素，以运动器官迅速麻痹为特征，人和畜、禽都有可能发生，但不互传。引起中毒的食品主要是家庭自制谷类或者豆类发酵食品，带菌土壤、尘埃及粪便污染食品后，在较高温度密闭环境中发酵或装罐，易产生毒素。症状：全身无力，视力模糊，吞咽及呼吸困难，严重者会因呼吸衰竭或心力交瘁而死亡。因毒素不直接刺激肠黏膜，故无明显的消化道症状。

（6）空肠弯曲菌　致病条件：其污染源主要来自污染的水和食物，是典型的人畜共患疾病。粪便 - 口腔是主要的传播途径。症状：该菌有时可通过肠黏膜引起败血症和其他脏器感染，如脑膜炎、关节炎、肾盂肾炎等。孕妇感染本菌可导致流产，早产，而且可使新生儿受染。

（7）蜡样芽孢杆菌　致病条件：一般发生在夏秋季，通常是由于食前保存温度不当，放置时间较长造成细菌增殖。蜡样芽孢杆菌的主要致病毒素是腹泻毒素和呕吐毒素这两种肠毒素。症状：引起胃肠道外感染及胃肠道感染。前者会导致支气管炎，脑膜炎，心内膜炎，骨髓炎等。后者以肠毒素为主，分为腹泻和呕吐两种类型。腹泻型表现为发病急、恶心、腹泻、腹部痉挛性疼痛等。呕吐型表现为恶心、呕吐、头晕、四肢无力、腹痛。

（8）致病性大肠杆菌　致病条件：常见中毒食品为各类熟肉制品、冷荤、牛肉、生牛奶、乳酪及蔬菜、水果、饮料等。中毒原因主要是受污染的食品食用前未经彻底加热。人群普遍易感，以儿童和老人发病较多，可能与免疫力有关。症状：轻症不发热，主要表现为腹泻，大便每天 3 ~ 5 次，呈黄色蛋花样，量多。继续发展则出现呕吐、发热、腹胀、中毒性肠麻痹。成人发病通常较急，伴有脐周隐痛、腹鸣。

（9）真菌和真菌毒素　真菌分单细胞的酵母菌类和多细胞的丝状真菌两大类。丝状真菌中能形成绒毛状，疏松的菌丝体称为霉菌。霉菌污染食品后，不仅引起腐败变质，而且可产生毒素引起中毒。产毒霉菌主要在谷物粮食、发酵食品和饲草上生长产生毒素。一般毒素在加热、烹饪时不能被破坏。

一般而言，急性真菌中毒潜伏期较短，先出现胃肠道症状，如恶心、呕吐、腹胀、厌食。各种真菌毒素产生的作用不尽相同，通常会造成肝、肾、神经、血液等系统的损伤。

（10）病毒　主要包括肝炎病毒、柯萨奇病毒、肠道病毒 71 型、流行性感冒病毒等。任何食物都可以作为病毒的运载工具，特别是人体食入和排出的方式，病毒性疾病既可以通过食物、粪便感染，还可通过衣物、接触、空气等感染。

9. 金黄色葡萄球菌的特征（包括肠毒素）、危害、污染途径及检测方法。

金黄色葡萄球菌为一种需氧或兼性厌氧革兰氏阳性球型细菌，营养要求不高，对不良环境抵抗力较强。它是常见的临床和食源性病原菌，大多数菌株能分泌一系列酶和细胞毒素，如核酸酶、透明质酸酶和溶血素等，这些酶能将局部宿主组织转变成细菌生长的营养成分。一些菌株产生许多毒性蛋白包括肠毒素、毒素休克综合征 1 型毒素、剥脱毒素和杀白细胞素，可引起急性金黄色葡萄球菌毒血症和食物中毒。

这些致病性物质中，肠毒素在该菌的致病中起重要的作用。在金黄色葡萄球菌食物中毒中，由肠毒素超抗原家族成员引起的占 95%。肠毒素是由血浆凝固酶阳性的菌株产生的一类结构相关、毒力相似、抗原性不同的单肽链胞外蛋白，分子质量在 27 ~ 29kDa，易溶于水，可抵抗 200kGy 的 γ 射线，耐受高温、酸碱和蛋白酶。至今已发现 22 种不同类型的金黄色葡萄球菌肠毒素，分别为 SEA ~ SEE、SEG ~ SEI、SElJ ~ SElQ、SER ~ SET、SElU、SElU2 和 SElV。70% 以上的金黄色葡萄球菌株产生一种或多种肠毒素。SEA – SEE 五种肠毒素为公认导致食源性疾病的致病因子，其中 SEA、SEB 和 SEC 是食物中毒事件中最常见的肠毒素种类。各型肠毒素的基因序列间的相似性较高，分子质量相近，都属于小分子蛋白质，在 26 ~ 30kDa，由约 230 个氨基酸组成。组成肠毒素肽链的氨基酸残基数目各个型别不一样，但所有肠毒素都有相同的基本结构，即含有二硫键和单一肽链，不含有碳水化合物、脂肪和核酸。肠毒素易溶于水和盐溶液，等电点为 7.0 ~ 8.6，能抵抗肠胃中的蛋白酶的水解作用，在不同程度上对热有一定的抵抗力。金黄色葡萄球菌的菌体细胞在 80℃ 下经 30min 即可被杀灭，而金黄色葡萄球菌肠毒素可耐受 100℃ 高温煮沸 30min 还维持其生物活性和免疫活性，必须在 218 ~ 248℃ 下经 30min 才能使其毒性完全消失。肠毒素超抗原激活 T 细胞，释放细胞因子。细胞因子刺激肠腔的神经受体，触发大脑的呕吐中心。因此，中毒症状通常在食入后 1 ~ 6h 发生，肠毒素通过消化道进入血液循环，刺激呕吐中枢，引起恶心、呕吐、腹痛、腹泻等症状。这些症状一般在 1 ~ 3d 内缓解，很少出现死亡病例。

（1）污染途径　金黄色葡萄球菌污染食品的途径很多，食品成分、食品的生产、运输和销售环境、气候条件以及社会因素（如公共卫生）都可能对食品中金黄色葡萄球菌的污染率有较大的影响。金黄色葡萄球菌污染的食品主要为乳制品、蛋及蛋制品、各类熟肉制品，其次是含有乳类的冷冻食品等。

预防金黄色葡萄球菌食物中毒需依靠良好的卫生规范，从食品的原料、加工、运输、储藏以及销售等全过程进行控制，减少食品从业人员和保存环境对食品的污染。同时，应防止食品中金黄色葡萄球菌的生长和产毒，其生长和产毒受温度、pH、水分活度、大气条件、碳源、氮源和盐分等因素影响，因此通过冷藏保存、降低水分活度等措施抑制金黄色葡萄球菌的生长和肠毒素的产生，能有效预防金黄色葡萄球菌引起的食物中毒。

（2）检测方法　金黄色葡萄球菌食物中毒的实验室诊断通常通过检测食品样品中金黄色葡萄球菌数量来判定，即金黄色葡萄球菌数量均达到 10^5 CFU/g 以上，或者检出肠毒素。

①常规细菌培养法：从食品中检测金黄色葡萄球菌的常规细菌培养方法（GB 4789.10—2016《食品安全国家标准　食品微生物学检验　金黄色葡萄球菌检验》），可对食品中金黄色葡萄球菌进行定性和定量检验，该方法设备简单、成本低；但检验时间较长（3～5d），操作烦琐，且灵敏度较低，不宜应对突发性公共卫生和食物中毒事件中筛检出金黄色葡萄球菌。

②免疫学方法：金黄色葡萄球菌有多种蛋白质抗原，其中肠毒素和金黄色葡萄球菌 A 蛋白常用于金黄色葡萄球菌的检测。金黄色葡萄球菌免疫学检测方法有免疫荧光技术、酶联免疫吸附（ELISA）技术、乳胶凝集技术和免疫磁珠技术等，主要用于肠毒素的测定。如直接从食品中检测肠毒素的 ELISA、反向被动乳胶凝集等，检出限可达到 ng/g（mL）级别。但是，免疫学方法的一些缺陷也削弱了其应用，如需要高纯度的肠毒素制备特异性抗体，而纯化肠毒素是比较困难和昂贵的，到目前仅 SEA～SEE、SEG、SEH 和 SelQ 抗体得到广泛使用。市场上有一些试剂盒，但因食品的成分干扰会出现假阳性，特异性较低。

③分子生物学方法：近年来，以分子生物学为基础的聚合酶链式反应（RT－PCR）方法和实时荧光定量聚合酶链式反应（RT－PCR）方法等广泛用于食品中金黄色葡萄球菌的快速检测，具有特异性强、灵敏度高、检出限低等优点，无须增菌就可从基因水平直接检测金黄色葡萄球菌，可以克服传统细菌培养法的不足。

聚合酶链式反应方法检测金黄色葡萄球菌所选用的靶基因主要有肠毒素基因、耐热核酸酶基因、凝固酶基因、抗生素抗性基因和 16S rRNA 基因等，而用于食品中检测的靶基因常用肠毒素基因和耐热核酸酶基因。在使用聚合酶链式反应检测肠毒素基因时，研究者发现金黄色葡萄球菌携带肠毒素基因的可变性高（75%～80%），这是因为金黄色葡萄球菌的基因组含有多种插入序列（IS）元件、原噬菌体序列和致病性基因岛等可移动元件，而在可移动遗传元件上编码许多肠毒素，这些可移动元件的转移致使金黄色葡萄球菌肠毒素呈多样性以及新肠毒素基因和高致病力毒株的不断出现。

采用聚合酶链式反应方法可对金黄色葡萄球菌进行快速诊断，但不能对其准确定量，同时容易产生交叉污染、出现假阳性等。而在普通聚合酶链式反应方法基础之上发展起来的实时荧光定量聚合酶链式反应法，克服了普通聚合酶链式反应方法的缺陷，目前已在食品中金黄色葡萄球菌检测方面得到应用。方法检出限为 10^3 CFU/mL（g）；

如经 10h 增菌，检出限可达到 1CFU/mL（g）。

④质谱分析：由于现有金黄色葡萄球菌检测方法的缺陷，以及对新的肠毒素缺乏可利用的抗体，为此一些研究人员建立了基于物理化学技术的分析方法，如基质辅助激光解吸－电离飞行时间质谱法，它是基于肠毒素作为金黄色葡萄球菌的特征性生物标志物，将样品在基质辅助下检测，得到含肠毒素分子质量和结构信息的质谱图，然后与蛋白质组数据库中的质谱图相比较，以此来判断食品是否被金黄色葡萄球菌污染。该方法具有定量、特异、快速和可靠的特点。

⑤生物传感器检测法：近年来，生物传感器技术应用于金黄色葡萄球菌肠毒素检测，它具有所需样品量少、速度快、生物功能膜可多次使用等优点。目前主要有电化学免疫传感器、光学生物传感器和压电免疫传感器等。基于单壁碳纳米管的生物传感器可实时监控样品中金黄色葡萄球菌的污染，最低检出限达到 8×10^2CFU/mL。

10. 沙门氏菌的生长特性和感染人体的特点。

（1）沙门氏菌的生长特性　自从 1885 年沙门（Salmon）和史密斯（Smith）从患猪瘟的猪体内分离到猪霍乱沙门氏菌以来，迄今为止已确定 2500 多个沙门氏菌血清型，在我国已发现 200 多个菌型。自 20 世纪 50 年代起发现的所有食源性细菌与病毒感染事件中，沙门氏菌是最主要的病原菌。

①形态染色特性：沙门氏菌是革兰氏阴性、两端钝圆的短杆菌（比大肠杆菌细），（0.7～1.5μm）×（2～5μm），散在，无荚膜和芽孢，除鸡白痢沙门氏菌、鸡伤寒沙门氏菌外都具有周身鞭毛，能运动，大多数具有菌毛，能吸附于宿主细胞表面或凝集豚鼠红细胞。

②培养特性：沙门氏菌是一种天然的肠道寄生菌，为需氧或兼性厌氧菌。在普通琼脂培养基上生长良好，培养 24h 后，可形成中等大小、圆形、表面光滑、无色半透明、边缘整齐的菌落，其菌落特征与大肠杆菌相似（无粪臭味）。

③生化特性：沙门氏菌发酵葡萄糖、麦芽糖、甘露醇和山梨醇产气；不发酵乳糖、蔗糖和侧金盏花醇；不产吲哚、V－P 反应阴性；不分解尿素和对苯丙氨酸。伤寒沙门氏菌、鸡伤寒沙门氏菌及一部分鸡白痢沙门氏菌发酵糖不产气，大多数鸡白痢沙门氏菌不发酵麦芽糖；除鸡白痢沙门氏菌、猪伤寒沙门氏菌、甲型副伤寒沙门氏菌、伤寒沙门氏菌和仙台沙门氏菌等外，均能利用柠檬酸盐，利用柠檬酸盐时产生硫化氢、脱羧赖氨酸与鸟氨酸，不产吲哚。

④环境耐受性：沙门氏菌属不耐热，55℃ 1h 或 60℃ 15～30min 即被杀死。沙门氏菌属在外界的生活力较强。在水中可生存 2～3 周。在粪便中可存活 1～2 个月。在牛奶和肉类食品中，存活数月。在食盐含量 10%～15% 的腌肉中也可存活 2～3 个月。冷冻对于沙门氏菌无杀灭作用，即使在－25℃低温环境中仍可存活 10 个月左右。由于沙门氏菌属不分解蛋白质，不产生靛基质，污染食物后无感官性状的变化，易被忽视而引起食物中毒。

⑤毒素特性：沙门氏菌不产生外毒素，但菌体裂解时，可产生毒性很强的内毒素，

此种毒素为致病的主要因素，可引起人体发冷、发热及白细胞减少等症状。

（2）沙门氏菌感染人体的特点　感染沙门氏菌的人或带菌者的粪便污染食品，可使人发生食物中毒。沙门氏菌感染的临床表现多种多样，按其主要症候群，可分为肠炎型、伤寒型、败血症型和局部化脓性感染四型。

①肠炎型（食物中毒）：是沙门氏菌感染最常见的形式，潜伏期一般为 8 ~ 24h。起病急骤，常伴有恶寒、发热，同时出现腹绞痛、气胀、恶心、呕吐等症状。继而发生腹泻，一天数次至十数次或更多，如水样，深黄色或带绿色，有些有恶臭。粪便中常混有未消化食物及少量黏液，偶带脓血，当炎症蔓延至结肠下段时，可有里急后重。病程大多为 2 ~ 4d，有时持续时间较长。鼠伤寒沙门氏菌感染时，以腹泻、高热为主，脓血便多见；成人高热较少，热程较短，腹痛及里急后重较多，而儿童高热较久，呕吐及脱水较多。偶有呈霍乱样暴发性胃肠炎型者，病人呕吐和腹泻均剧烈，体温在病初时升高，立即下降，脉弱而速，可出现严重脱水、电解质紊乱、肌肉痉挛、尿少或尿闭，如抢救不及时，可于短期内因急性肾功能衰竭或周围循环衰竭而死亡。

②伤寒型：可引起类似伤寒的临床表现，其中以猪霍乱沙门氏菌较常见。症状一般较伤寒轻，长期发热，伴胃肠道症状，或以胃肠炎为前驱表现，皮疹少见，腹泻较多，可见脾肿大，白细胞总数低下，而肠穿孔、肠出血等并发症少。病程大多仅 1 ~ 3 周，血和粪便培养可获有关沙门氏菌。复发机会比伤寒多。

③败血症型：在免疫功能正常的宿主中，沙门氏菌感染引起败血症的机会不到 10%。败血症型患者有 1/3 ~ 1/2 有肝硬化、系统性红斑狼疮、白血病、淋巴瘤或新生物等原发病，预后较差。以长期发热为主要特征，体温可高达 40℃ 以上，呈不规则热（弛张热或间歇热），伴反复寒战、出汗、头痛、恶心、厌食、体重下降，部分患者有胃肠炎症状，约 1/4 患者在病程中出现局部感染病灶。

④局部化脓性感染：可发生于任何部位，但好发于缝线处、骨折处、组织器官移植处、动脉粥样硬化斑处以及有肿瘤处等原先有病变，或活力不强的部位。无胃肠炎或全身症状，仅有脓肿形成，并呈慢性化倾向，需靠病原菌检查以明确诊断。

11. 肠出血性大肠杆菌感染症状及蔬菜污染原因。

（1）肠出血性大肠杆菌初级、中级及重度中毒症状　肠出血大肠杆菌中毒分无症状感染、轻度腹泻、出血性肠炎三种临床类型。典型的表现是急性起病，腹泻，初为水样便，继之为血性便。伴痉挛性腹痛，不发热或低热，可伴恶心、呕吐及上呼吸道感染样症状。无合并症者，7 ~ 10d 自然痊愈。少数病人于病程 1 ~ 2 周，继发急性溶血性尿毒综合征（Hemolytic - uremic Syndrome，HUS），表现为苍白无力，血尿、少尿、无尿，皮下黏膜出血，黄疸，昏迷、惊厥等。多见于老人、儿童、免疫功能低下者，病死率 10% ~ 50%。

（2）蔬菜比较容易存在大肠杆菌污染的原因

①有些蔬菜生长时离地面较近，土壤中微生物较多。

②叶菜类蔬菜有着比瓜果类蔬菜更大的比表面积，有着比较大的病原菌接触及携

带概率，且较难清洗，所以比较容易感染大肠杆菌。

③土壤中植物残渣、生物有机肥发酵不彻底，会残留许多人类粪便微生物。

④芽菜等蔬菜通常凉拌，不经历加热杀菌，存在清洗不到位的情况，建议流水洗涤。

⑤大肠杆菌生命力强，存活期长，繁殖速度快，食物是其天然的培养基。

12. 大肠杆菌致病性与分类。

大肠杆菌分为有致病性和非致病性两种。大肠杆菌（*E. coli*）是 Escherich 在 1885 年发现的，曾被当作正常肠道菌群的组成部分，认为是非致病菌。直到 20 世纪中叶，研究发现一些特殊血清型的大肠杆菌对人和动物有病原性，尤其对婴儿和幼畜（禽），常引起严重腹泻和败血症。根据不同的生物学特性，致病性大肠杆菌可分为 5 类：致病性大肠杆菌（EPEC）、肠产毒素性大肠杆菌（ETEC）、肠侵袭性大肠杆菌（EIEC）、肠出血性大肠杆菌（EHEC）、肠黏附性大肠杆菌（EAEC）。大肠杆菌随环境变化而不断发生变异，有监测难度，容易导致发生致病性事件。

13. 肉毒毒素类型和中毒特点。

（1）肉毒毒素及危害　肉毒毒素（Botulinum Neurotoxin，BoNT）也被称为肉毒梭菌毒素或肉毒梭菌素，是由肉毒梭状芽孢杆菌（*Clostridium botulinum*）在厌氧条件下产生的一种神经毒素蛋白，被美国疾病控制预防中心列为 A 级生物恐怖剂，是已知最致命的物质之一，最早于 1897 年在比利时发现。

一旦食入肉毒毒素污染的食物，大多数中毒者在 12 ~ 72h 潜伏期后出现中毒症状。首先表现脑神经麻痹症状（如头晕、头痛等），继而出现眼部的复视、斜视、眼睑下垂的眼肌麻痹症状，接着会发展至咽喉部肌肉麻痹，表现为吞咽咀嚼困难、声音嘶哑等，进而表现出膈肌麻痹、呼吸困难等症状。肉毒中毒的临床表现与其他食物中毒不同，胃肠道症状少见，重症患者主要死于由于神经传导障碍而引起的呼吸肌麻痹导致的窒息与心力衰竭而死亡。婴儿食用被肉毒毒素污染的食物后一般会有便秘表现，1 ~ 2 周后迅速出现全身瘫软，不能抬头，无力吸乳，哭声低弱等脑神经麻痹现象，严重者可出现呼吸衰竭。在患儿粪便中可查到肉毒梭菌和肉毒毒素。

（2）肉毒梭菌容易污染的食品及预防措施　肉毒梭菌广泛分布于土壤、江河湖海的沉积物以及动物粪便中，菌体在不良环境条件下生成芽孢。芽孢对环境的适应力极强，耐热、耐干燥，一般的灭菌方法，如煮沸、紫外线照射等均不能杀灭芽孢；一旦环境适合，芽孢就可以转变成繁殖体，在厌氧环境下大量繁殖并产生毒性极强的肉毒毒素。由于肉毒梭菌在自然界分布广泛，其芽孢又具极强的生命力，因此食品加工原料被污染的风险性较高。现代工业化食品生产中，杀灭芽孢所需要的热处理工艺较高，在不恰当的加工、包装、储存条件下，就比较容易造成罐装或真空包装食品的肉毒梭菌芽孢污染，在适宜条件下繁殖并产生毒素，带来潜在的安全风险。在这种情况下，真空包装食品保质期较长，给厌氧的肉毒梭菌提供了生长繁殖的时间，而家庭自制的发酵食品由于缺乏严格的操作规范，在制作过程中被肉毒梭菌污染的概率较高，因此真空包装食品和家庭制作的豆、面等的发酵食品被污染的风险性较高；而冷藏食品在销售、储存等环节中的温度一般控制在低于10℃的范围内，肉毒梭菌也会给冷藏食品带来安全风险。

此外，1岁以下的婴儿正常肠道菌群尚未完全建立完备同时缺乏抑制肉毒梭菌的胆酸，当食入被肉毒梭菌或芽孢污染的食物后，菌体或芽孢在婴儿肠道内繁殖而产生肉毒毒素，导致婴儿中毒。一些婴儿肉毒毒素中毒案例与被孢子污染的蜂蜜有关。因此，应警告父母和护理人员在婴儿1岁前不要喂食蜂蜜。

预防肉毒梭菌污染食品需要注意以下三个环节。

①原料控制：遵守良好的农业操作规范，采购安全可靠、未受芽孢污染的食品原料，并在规定的通风、低温、有氧环境下储存食品原料。

②过程监测：食品企业应对储存、生产、运输等周围环境进行抽样监测。

③高温杀菌：在生产加工过程中采用适当的高温处理工艺，可以有效控制肉毒梭菌污染，保证食品安全。

在家庭自制食品过程中，要采取正确的食品灭菌手段，要注意食品制作过程中的环境卫生，避免肉毒梭菌及其芽孢污染；家庭腌制或发酵的食物应尽快冷却并低温储存，防止肉毒梭菌芽孢发芽、繁殖产毒；食用家庭自制食物前高温蒸煮6～10min；购买的香肠、火腿、罐头等肉制品，也应进行高温烹制；以上均是预防肉毒梭菌污染食品的有效措施。

14. 微生物导致的食物中毒事件调查的难点。

由于微生物的特殊性，微生物导致的食物中毒事件存在很多调查难点。比如，微生物污染样本不易保留而导致的排查时效性问题；微生物导致的食物中毒症状有时不明显，病人零星分布，使食源性疫情隐蔽性高，错失最佳追踪良机等。微生物证据难固化是由于食品基质及微生物种群随着时间变化，很难找到引起食物中毒的原始样本；微生物繁殖速度快，变异速度快，种群结构因营养基质差异而千变万化。食物生产流通环节长、牵涉企业多，也是此类事件调查困难的原因。

15. 现场流行病学调查方法的含义及其在食源性疾病疫情控制方面的重要作用。

在格雷格（Gregg）主编的《现场流行病学（第三版）》中，将现场流行病学定义为：主要针对发生时限难以预料、必须立即做出反应且亲赴现场予以解决的问题；由于需要采取控制措施，研究设计和方法受到紧急情况的制约，调查深度可能受到限制。可见，现场流行病学针对的是应急性问题。

通过现场流行病学调查，可以验证突发公共卫生事件假设和修订假设，并对已经采取的控制措施进行评估调查。系统地收集整理突发公共卫生事件监测区内与突发公共卫生事件疫情监测和疫情分析有关的各项基本资料，迅速核实诊断，尽快明确病因，以便及时采取针对性措施，控制事件危害进一步发展。现场流行病学调查结果有可能成为司法判决的证据。早在中毒性休克综合征的法律诉讼后，流行病学与刑法民法的结合诞生了法律流行病学。

16. 食品微生物污染的快速检测方法有哪些?

传统的食品微生物检测通常采用琼脂平板培养法，一般需2～3d才能完成。近年来发展起来的快速检测方法主要是通过综合应用微生物学、化学、生物化学、生物物理学、免疫学以及血清学试验等技术，实现对微生物的分离、检测、鉴定和计数，具有快捷、方便、灵敏的优点。快速检测方法主要有如下几类。

（1）分子生物学技术　主要有基因探针技术、PCR技术和基因芯片技术几大类。

①基因探针技术：工作原理是将微生物特性基因DNA链中的一条进行标记，制成DNA探针，利用DNA分子杂交时严格遵守碱基配对原则的原理，通过考查待测样品与标记性DNA探针能否形成杂交分子而判断样品中是否含有相关微生物，并通过测定放射性强度分析微生物数量。该方法具有特异性强、灵敏度高、操作简便、检测时间短等优点。近年来，一些基因探针新技术如非放射性基因探针、DNA生物传感器探针及分子信标探针的研究也获得了重要进展，目前食品中的一些微生物病菌如大肠杆菌（*Escherichia coli*）、志贺氏菌属（*Shigella* spp.）、沙门氏菌（*Salmonella*）、小肠结肠炎耶尔森氏菌（*Yersinia enterocolitica*）、金黄色葡萄球菌（*Staphylococcus aureus*）、单核细胞增生李斯特氏菌（*Listeria monocytogenes*）等都可以使用基因探针技术检测。

②PCR技术：PCR是聚合酶链式反应（Polymerase Chain Reaction）的缩写，是首先对样品微生物基因组进行提取，然后利用特异引物对样品的基因组进行扩增，从而确定待测样品的基因，最后对基因对应的微生物种类和数量进行分析。依赖聚合酶链式反应的DNA指纹图谱技术、多重聚合酶链式反应检测技术及实时荧光定量聚合酶链式反应技术等应用最为广泛。

③基因芯片技术：这是一种新型的微量分析技术，主要通过先进的微电子、微机械、计算机等技术，将已设计完成的基因片段有序、高密度地排列在载体上，形成信息检测基因芯片。基因芯片技术的工作原理是指采用显微印刷或者光导原位合成等方法，使各种类型的基因寡核苷酸的分子通过密集、有顺序的固定在经过相应处理的玻璃片、硅片或者硝酸纤维素膜等上，加入标记完成的待检测样本，之后将样品与芯片之上固定的寡核苷酸点进行多元杂交。然后利用先进的扫描定量仪分析杂交信号的强弱及分布，最终确定某种特定的微生物是否真正存在于被检测样品中。基因芯片技术的优势主要是操作简便与快捷、通量高、特异性能强，该技术在食品检测领域中的应用愈加广泛。

（2）免疫分析检测技术

①免疫荧光技术：是指用荧光色素对抗原抗体进行标记，然后把标记的抗原或抗体与待测的抗体或抗原结合，在荧光显微镜下，结合的抗原抗体就会发出荧光，进而检测对应的抗原和抗体，从而对微生物进行检测。测定过程为，将待测的抗原或抗体与酶标的抗体或抗原结合，再将结合的抗原抗体通过洗涤的方法进行分离，然后加入酶反应底物，在酶的分解下，底物会形成一定的颜色，根据颜色的深浅分析样品的数量，进而测定微生物的量。这种方法特异性强、灵敏度高、效率高，可以准确地测定

微生物数量。

②酶联免疫吸附技术：是将抗原或抗体吸附于同相载体，在载体上进行免疫酶染色。底物显色后，通过定性或定量分析有色产物量即可确定样品中待测物质含量。它结合了免疫荧光法和放射免疫测定法两种技术的优点，具有可定量、反应灵敏准确、标记物稳定、适用范围宽、结果判断客观、简便完全、检测速度快以及费用低等特点，可同时分析上千份样品。

③酶联荧光免疫吸附技术：该技术将酶系统与荧光免疫分析结合起来，在普通酶联免疫吸附技术的基础上用理想的荧光底物代替生色底物，可提高分析的灵敏度和增宽测量范围，减少试剂的用量。酶放大技术、固相分离及荧光检测三者的联合将成为荧光免疫分析中最灵敏的方法。

④免疫磁珠分离技术：是将磁性微球与免疫化学技术结合起来的一种方法。该方法是先用抗体包被的磁珠与样品混合，再用一个磁场装置收集磁珠。该方法可快速地从食品成分中分离出靶细菌，克服了选择性培养基的抑制作用问题。与其他检验方法结合可数倍地提高分离效率和检出限。

⑤免疫印迹技术：又称转移印迹技术，是以生物物理学方法（凝胶电泳高效分离）与特异性免疫反应（固相免疫测定）相结合的技术。其借助高分辨率聚丙烯酰胺凝胶电泳（PAGE）将混合蛋白质样品有效分离成许多蛋白质区带，分离后蛋白质经电泳转移至固相支持物，通过与特异性抗体结合，即可定性或定量检测靶蛋白。免疫印迹技术综合十二烷基硫酸钠－聚丙烯酰胺凝胶电泳（SDS－PAGE）的高分辨率及酶联免疫吸附技术（ELISA）的高敏感性和高特异性，是一种有效分析手段，目前应用于酵母和真菌检测。

⑥免疫层析技术：该技术将免疫学原理与层析原理相结合，借助毛细管作用，样品在条状纤维制成膜上泳动，其中待测物与膜上一定区域配体结合，通过酶促显色反应或直接使用着色标记物，在短时间内（20min 内）便可得到直观结果。免疫层析按其原理可分为两类：一类以酶促反应显色为基础，以显色高度来定量；另一类则使用着色标记物，如乳胶颗粒、胶体硒、胶体金及脂质体等，层析时，标记物与待测物被相应配体捕获而浓集显色，以纤维膜上显色条有无或多少以定性或定量。目前在检验微生物时常用的是免疫胶体金技术。

⑦乳胶凝集试验：是利用抗原、抗体特异性结合特点，加上人工大分子乳胶颗粒标记抗体，使之与待测抗原发生肉眼可见的凝集反应，以达到检测目标病原微生物或毒素的目的。此法可用于鉴定大肠杆菌 O157:H7 等。

（3）代谢技术

①ATP 生物发光法：ATP（Adenosine－triphosphate，腺嘌呤核苷三磷酸）生物发光法主要用于活菌计数。其原理是基于 ATP 广泛存在于各种活的生物体中，而且 ATP 含量在活的菌体细胞中相对恒定，细菌死亡后，在酶的作用下，细胞内的 ATP 将很快被分解而使含量下降。因此通过测定待测样品的 ATP 浓度即可计算出活菌数。

②电阻抗技术：是通过测量微生物代谢引起的培养基电特性变化来测定样品中微

生物含量的一种快速检测方法。其原理是细菌在生长繁殖的过程中，会使培养基中的大分子电惰性物质（如碳水化合物、蛋白质和脂类等）代谢为具有电活性的小分子物质（如乳酸盐、醋酸盐等），这些小分子物质将增加培养基的导电性，使其电阻抗发生变化。因此，通过检测培养基的电阻抗的变化情况即可判定细菌在培养基中的生长繁殖情况，从而可检测出相应的细菌。电阻抗法是近些年发展起来的一项生物学新技术，具有检测速度快、灵敏度高、准确性好等优点。该技术已经开始应用于食品中细菌总数、大肠杆菌（*Escherichia coli*）、沙门氏菌（*Salmonella*）、酵母菌（*Saccharomycetes*）、霉菌（Mould）和支原体（*Mycoplasma*）的检测。

③微热量计技术：是利用细菌在不同繁殖阶段的热量的变化而对细菌进行检测的一种新技术。由于不同的微生物代谢过程不同，产生的热量不同，测得的热量曲线就不同，将实际测量得到的热量曲线与标准指纹图对比即可鉴别微生物。

④放射测量技术：利用细菌在生长繁殖过程中消耗碳水化合物产生CO_2的原理的一种技术。将微量放射性^{14}C标记引入碳水化合物分子中，在细菌生长时，这些底物被利用并释放出含有放射性^{14}C的CO_2，然后通过自动化放射测定仪 BACTEC 测量^{14}C含量，从而判断细菌数量。

（4）基于细菌直接计数法的微生物快速检测技术

①流式细胞仪（FCM）：流式细胞仪通常以激光作为发光源，经过聚焦整形后的光束垂直照射在样品流上，被荧光染色的细胞在激光束的照射下产生散射光和激发荧光。光散射信号基本上反映了细胞体积的大小，荧光信号的强度则代表了所测细胞膜表面抗原的强度或其核内物质的浓度，由此可通过仪器检测散射光信号和荧光信号来估计微生物的大小、形状和数量。流式细胞仪具有高度的敏感性，可同时对目的菌进行定性和定量。

②固相细胞计数（SPC）：固相细胞计数可以在单个细胞水平对细菌进行快速检测。滤过样品后，存留的微生物在滤膜上进行荧光标记，采用激光扫描设备自动计数。每个荧光点可直观地由通过计算机驱动的流动台连接到 ChemSCAN 上的落射荧光显微镜来检测，尤其对于生长缓慢的微生物，检测用时短使该方法明显优于传统平板计数法。应用这种方法比常规的培养法检测革兰氏阳性菌、革兰氏阴性菌以及酵母菌时间要缩短 3 倍以上。

（5）集成化商品微生物快速分析系统　微生物快速检测的商品化实用型仪器也不断涌现。例如法国梅里埃 VITEK 系列全自动微生物分析系统、美国的 mini－VIDAS 荧光酶标分析仪、意大利的 ATB 微生物分析系统以及美国的 Bactometer 全自动微生物检测计数仪等。这些实用型微生物分析仪一般都由传统生化反应及微生物检测技术与现代计算机技术相结合，运用概率最大近似值模型进行自动微生物检测，可鉴定由环境、原料及产品中分离的微生物。

17. 植物食品原料中的天然毒性成分——皂苷。

皂苷是类固醇或三萜系化合物配糖体的总称，因其水溶液经振荡后即起泡如肥皂液一样，故称之为皂苷，又称皂素。含有皂苷的植物主要有豆科、五加科、蔷薇科、菊科、葫芦科和苋科。其中菜豆（四季豆）和大豆是食源性皂苷的主要来源，易引起人的中毒，一年四季皆可能发生。以大豆皂苷为例做如下介绍。

大豆皂苷广泛存在于豆科植物的胚芽、胚轴、子叶、根茎等组织中。成熟大豆胚轴的皂苷含量是子叶的 8 ~ 15 倍。大豆皂苷相对分子质量为 700 ~ 1500，分子极性较大，易溶于热水、含水稀醇、热甲醇和热乙醇中，难溶于乙醚、苯等极性小的有机溶剂。大豆皂苷无明确熔点，常在熔融前被分解。纯大豆皂苷是白色粉末，具有苦味和涩感等不愉快滋味。大豆皂苷是有亲水和亲油两种性质的两亲性化合物，苷元结构部分疏水性强，而糖链部分极性较强。

根据苷元结构不同，皂苷可分为 A、B、E 和 DDMP（2,3 – dihydro – 2,5 – dihydroxy – 6 – methyl – 4H – pyran – 4 – one，2,3 – 二氢 – 2,5 – 二羟基 – 6 – 甲基 – 4H – 吡喃 – 4 – 酮）4 组大豆皂苷。A 组大豆皂苷为双糖链皂苷，在 C – 3 和 C – 22 两个位点上结合糖链，B 组皂苷属于单糖链皂苷，只有一个 C – 3 糖基化点。DDMP 型是大豆皂苷的原始存在状态，较不稳定，在中性条件下加热超过 90℃ 即会分解为 Bb 型皂苷，因而在加工成豆乳后几乎不存在。E 组为 B 组的光化学产物，同样不稳定，因此在通常不列入热处理产品的分析范围。大豆皂苷苷元结构如附图 10 所示。各大豆皂苷单体构型信息见附表 1。根据苷元和结合糖基中单糖种类的不同，已确认 18 种单体结构。连接在苷元结构上的低聚糖链有 6 种单糖，分别是 β – D – 葡萄糖醛酸（glcUA）、β – D – 葡萄糖（glc）、β – D – 半乳糖（gal）、β – D – 木糖（xyl）、α – L – 阿拉伯糖（ara）、α – L – 鼠李糖（rha），其糖链部分质量含量在 24% ~27%。

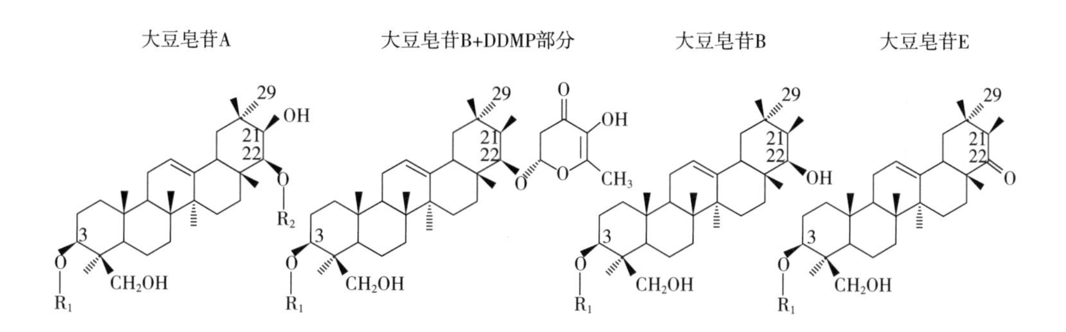

附图 10　大豆皂苷苷元结构

附表 1　大豆皂苷单体组分

大豆皂苷	苷元	构型
A 组		
Aa	A	glc（1→2）gal（1→2）glcUA（1→3）A（22←1）ara（3←1）xyl（2,3,4 – tri – *O* – Acetyl）
Ab	A	glc（1→2）gal（1→2）glcUA（1→3）A（22←1）ara（3←1）glc（2,3,4,6 – tetra – *O* – Acetyl）

续表

大豆皂苷	苷元	构型
Ac	A	rha（1→2）gal（1→2）glcUA（1→3）A（22←1）ara（3←1）glc（2,3,4,6 - tetra - O - Acetyl)
Ad	A	glc（1→2）ara（1→2）glcUA（1→3）A（22←1）ara（3←1）glc（2,3,4,6 - tetra - O - Acetyl)
Ae	A	gal（1→2）glcUA（1→3）A（22←1）ara（3←1）xyl（2,3,4 - tri - O - Acetyl)
Af	A	gal（1→2）glcUA（1→3）A（22←1）ara（3←1）glc（2,3,4,6 - tetra - O - Acetyl)
Ag	A	ara（1→2）glcUA（1→3）A（22←1）ara（3←1）xyl（2,3,4 - tri - O - Acetyl)
Ah	A	ara（1→2）glcUA（1→3）A（22←1）ara（3←1）glc（2,3,4,6 - tetra - O - Acetyl)
B 组		
Ba	B	glc（1→2）gal（1→2）glcUA（1→3）B
Bb	B	rha（1→2）gal（1→2）glcUA（1→3）B
Bc	B	rha（1→2）ara（1→2）glcUA（1→3）B
Bb'	B	gal（1→2）glcUA（1→3）B
Bc'	B	ara（1→2）glcUA（1→3）B
E 组		
Bd	E	glc（1→2）gal（1→2）glcUA（1→3）E
Be	E	rha（1→2）gal（1→2）glcUA（1→3）E
DDMP		
αg	B_{DDMP}	glc（1→2）gal（1→2）glcUA（1→3）B_{DDMP}
βg	B_{DDMP}	rha（1→2）gal（1→2）glcUA（1→3）B_{DDMP}
βa	B_{DDMP}	rha（1→2）ara（1→2）glcUA（1→3）B_{DDMP}
γg	B_{DDMP}	gal（1→2）glcUA（1→3）B_{DDMP}
γa	B_{DDMP}	ara（1→2）glcUA（1→3）B_{DDMP}

注：glc 为 D - 葡萄糖基；ara 为 L - 阿拉伯糖基；gal 为 D - 半乳糖基；glcUA 为 D - 葡萄糖醛酸；xyl 为 D - 木糖基；rha 为 L - 鼠李糖基。

预防皂苷中毒的主要措施有以下两点。

（1）加强宣传教育　对宾馆、学校、工厂等人数较多单位的炊事员应进行有关食物中毒知识的培训，以防菜豆、豆浆等皂苷类集体中毒事件的发生。

（2）采取去毒措施　①使菜豆等豆类充分炒热、煮透，最好是炖食，以破坏其中的全部毒素；炒时应充分加热至青颜色消失，无豆腥味，无生硬感，勿贪图脆嫩口感。②不宜做凉拌菜，如做凉拌菜必须煮 10min 以上，热透后才可进食。③应注意防止“假沸”现象。80℃左右时，皂苷形成泡沫上浮，造成“假沸”现象，而此时豆浆中的毒素并未被有效破坏；“假沸”之后应继续加热至 100℃，泡沫消失，破坏皂苷等有害成分。

18. 植物食品原料中蛋白质类毒性物质。

植物中的胰蛋白酶抑制剂、血凝素、蓖麻毒素、巴豆毒素、刺槐毒素、硒蛋白等均属于有毒蛋白质。如存在未煮熟透的大豆及其豆乳中的胰蛋白酶抑制剂，对胰脏分泌的胰蛋白酶的活性具有抑制作用，从而影响人体对大豆蛋白质的消化吸收，导致胰脏肿大和抑制食用者（包括人类和动物）的生长发育。在大豆和花生中，含有的血凝素还具有使红细胞凝集的作用。

（1）外源凝集素　外源凝集素（Lectin）是豆类和某些植物种子（如蓖麻）中含有的一种有毒蛋白质，因其在体外具有凝集红细胞的作用，故名外源凝集素，又称植物性血凝素。外源凝集素广泛存在各种豆类，如大豆、菜豆、蚕豆、刀豆等和蓖麻籽中。来源于不同种子的凝集素的毒性有着很大差别，有的仅能影响到肠道对营养物的初吸收，有的摄入大量可以致死。毒性较大的是从蓖麻籽中分离出的蓖麻凝集素，小鼠腹腔注射的 LD_{50} 为 0.05mg/kg 体重，大豆和菜豆凝集素的毒性是蓖麻凝集素的 0.1%。但是利用蛋白质的热特性，加热会使其凝固而失去毒性。因此，可通过加热处理钝化凝集素的活性达到去毒目的。

凝集素的毒性主要表现在它可以和小肠细胞表面发生结合作用，会对肠细胞的生理功能产生明显的不良影响，最为严重的是损害胃肠细胞从胃肠道中吸收蛋白质、糖类等营养成分，从而导致营养素缺乏，严重时会引起死亡。

含有凝集素的食品在生食或烹调不充分时，不仅消化吸收率低，还会使人恶心、呕吐，造成中毒，严重时可致人死亡。凝集素中毒主要表现为（以蓖麻籽中毒为例）：潜伏期较长，可在 1～3d，多数在食后 3～24h 开始发病。患者临床表现为咽喉刺激、灼热感、恶心、呕吐、腹痛及急性胃肠炎症状。便中可见蓖麻籽外皮碎屑，严重者出现便血、发热、脱水和酸中毒，中枢神经系统症状有头痛、嗜睡、昏迷、抽搐等。肝、肾受损害者出现黄疸、蛋白尿、血尿和尿闭等。中毒数日后可出现凝血、溶血现象。死亡可出现在中毒后 1 周左右，主要是因为呼吸抑制、心力衰竭或急性肾衰竭。

凝集素中毒症状轻者不需治疗，症状可自行消失；重者应对症治疗。呕吐、腹泻的蓖麻籽中毒严重者，可静脉注射葡萄糖盐水和维生素 C，以纠正水和电解质紊乱，并促进毒物的排泄。有凝血现象时，可给予低分子右旋糖酐、肝素等。

凝集素不耐热，受热很快失活。因此，豆类在食用前要彻底加热。例如，扁豆或菜豆加工时要注意翻炒均匀、煮熟焖透，使扁豆失去原有的生绿色和豆腥味；吃凉拌豆角时先切成丝，放在开水中浸泡 10min，然后再食用；豆浆应煮沸后继续加热数分钟才可食用；蓖麻用作动物饲料时，必须严格加热，以去除饲料中的蓖麻凝集素。

（2）酶抑制剂　酶抑制剂（Enzyme Inhibitor）是一类可以结合酶并降低其活性的分子。酶抑制剂常存在于豆类、谷类、马铃薯等食材中。比较重要的有胰蛋白酶抑制剂和淀粉酶抑制剂两类。前者在豆类和马铃薯块茎中较多，后者见于小麦、菜豆、芋头、生香蕉、芒果等食物中，其他食物如茄子、洋葱等也含有此类物质。淀粉酶抑制剂可以使淀粉酶的活性钝化，影响人体对糖类的消化作用，从而引起消化不良等症状。

在豆类、棉籽、花生、油菜籽等90余种植物源性食物中，特别是豆科植物中含有能抑制胰蛋白酶、糜蛋白酶、胃蛋白酶等13种蛋白酶的特异性物质，通称为蛋白酶抑制剂（Protease Inhibitor）。其中最重要的是胰蛋白酶抑制剂，在上述90余种食物中都含有。其次是糜蛋白酶抑制剂，在35种植物中均含有。

蛋白酶抑制剂的毒性作用主要表现在：胰蛋白酶抑制剂可与小肠液中胰蛋白酶、糜蛋白酶结合，生成无活性的复合物，消耗和降解胰蛋白酶，导致肠道对蛋白质的消化、吸收及利用能力下降。同时，胰蛋白酶抑制剂与肠内胰蛋白酶结合后随粪便排出体外，使肠内胰蛋白酶数量减少，引起胰腺反射性亢进，分泌量加大，增加内源性氮损失。因胰蛋白酶中含有大量的含硫氨基酸，若出现这种内源补偿性分泌和排泄，必然会造成体内含硫氨基酸的内源散失，导致机体内含硫氨基酸的耗散性缺乏，造成体内氨基酸代谢失调或不平衡。当食糜中胰蛋白酶与其抑制因子结合而减少时，肠促胰酶肽分泌也增加，这种双重地过分刺激胰腺分泌的情况，势必造成胰腺分泌失调性肥大和增生，出现食物性消化吸收功能失调或紊乱，严重时出现头晕、恶心、腹泻等症状。其潜伏期为数分钟到1h，但可很快自愈。

含有蛋白酶抑制剂的植物源性食物，一定要经过有效钝化后方可食用或作饲料用。去除蛋白酶抑制剂最简单有效的方法是高温加热钝化。采用常压蒸汽加热30min或1MPa下加热15～20min，即可破坏大豆中的胰蛋白酶抑制剂。大豆用水泡至含水量60%时，水蒸5min也可，但干热效果较差。

19. 食品添加剂的定义和使用要求。

食品添加剂是指为改善食品的品质和色、香、味，以及为防腐、保鲜和加工工艺的需要而加入食品中的化学合成或天然物质。常用的食品添加剂有防腐剂、抗氧化剂、增稠剂、乳化剂、甜味剂、着色剂等二十余类。

在食品添加剂的使用中，除保证其发挥应有的功能和作用外，最重要的是应保证食品的安全性。为了规范食品添加剂的使用、保障食品添加剂使用的安全性，原国家卫生和计划生育委员会根据《中华人民共和国食品安全法》的有关规定，制定颁布了GB 2760—2014《食品安全国家标准 食品添加剂使用标准》。该标准规定了食品中允许使用的添加剂品种，并详细规定了使用范围、使用量。

（1）食品生产加工企业使用食品添加剂应符合以下基本要求

①不应对人体产生任何健康危害。

②不应掩盖食品腐败变质。

③不应掩盖食品本身或加工过程中的质量缺陷或以掺杂、掺假、伪造为目的而使用食品添加剂。

④不应降低食品本身的营养价值。

⑤在达到预期的效果下尽可能降低在食品中的用量。

（2）食品生产加工企业在下列情况下才可使用食品添加剂

①保持或提高食品本身的营养价值。

②作为某些特殊膳食用食品的必要配料或成分。

③提高食品的质量和稳定性，改进其感官特性。

④便于食品的生产、加工、包装、运输或者贮藏。

（3）食品添加剂质量标准　按照 GB 2760—2014《食品安全国家标准　食品添加剂使用标准》使用的食品添加剂应当符合相应的质量规格要求。

某种食品添加剂不是直接加入到食品中的，而是通过其他含有该种食品添加剂的食品原料或配料带入到食品中的。在下列情况下食品添加剂可以通过食品配料（含食品添加剂）带入食品中：

①根据 GB 2760—2014《食品安全国家标准　食品添加剂使用标准》，食品配料中允许使用该食品添加剂。

②食品配料中该添加剂的用量不应超过 GB 2760—2014《食品安全国家标准　食品添加剂使用标准》允许的最大使用量。

③应在正常生产工艺条件下使用这些配料，并且食品中该添加剂的含量不应超过由配料带入的水平。

④由配料带入食品中的该添加剂的含量应明显低于直接将其添加到该食品中通常所需要的水平。

例如酱油可以使用山梨酸钾作为防腐剂，而酱油是酱卤肉类产品的原料，虽然肉制品不允许使用山梨酸钾，但是可以通过酱油带入山梨酸钾，因此酱卤肉类产品中检出的山梨酸钾应根据产品配方判定是否由酱油带入还是人为违法添加。

⑤当某食品配料作为特定终产品的原料时，用于特定终产品的添加剂允许添加到食品配料中，同时该添加剂在终产品中的量应符合 GB 2760—2014《食品安全国家标准　食品添加剂使用标准》的要求。在所述特定食品配料的标签上应明确标示该食品配料用于上述特定食品的生产。

20. 风险评估和应急风险评估的规定。

根据《中华人民共和国食品安全法》及其实施条例的规定，国家卫生健康委员会制定《食品安全风险评估管理规定》。风险评估是指对食品、食品添加剂、食品相关产品中的生物性、化学性和物理性危害对人体健康造成不良影响的可能性及其程度进行定性或定量估计的过程，包括危害识别、危害特征描述、暴露评估和风险特征描述等。

根据工作需要，可以参照风险评估技术指南有关要求开展应急风险评估和风险研判。应急风险评估是指在受时间等因素限制的特殊情形下开展的紧急风险评估。风险研判是指在现有数据资料不能满足完成全部风险评估程序的情况下，就现有数据资料按照食品安全风险评估方法对食品安全风险进行的综合描述。

食品安全风险评估结果是制定、修订食品安全国家和地方标准、规定食品中有害物质的临时限量值，以及实施食品安全监督管理的科学依据。食品安全应急风险评估和风险研判主要为实施食品安全风险管理提供科学支持。

21. HACCP 的原理及实施步骤。

（1）HACCP 七大原理　危害分析与关键控制点（Hazard Analysis Critical Control Point，HACCP）是一种对食品加工、运输乃至销售整个过程中的各种危害进行分析和控制的手段，保证食品达到安全水平。它是一个系统的、连续性的食品卫生预防和控制方法。以 HACCP 为基础的食品安全体系，是以 HACCP 的七个原理为基础的。1999 年国际食品法典委员会（CAC）在《食品卫生通则》附录《危害分析与关键控制点（HACCP）体系及其应用准则》中，将 HACCP 的七个原理确定为：

原理一　进行危害分析；

原理二　确定各关键控制点；

原理三　制定关键限值；

原理四　建立一个系统以监测关键控制点的控制情况（关键控制点监视）；

原理五　在监测结果表明某特定关键控制点失控时，确定应采取的纠正行动（纠正措施，也叫纠偏）；

原理六　建立认证程序以证实 HACCP 系统在有效地运行（验证程序）；

原理七　建立有关以上原则和应用方面各项程序和记录的档案（记录和保持程序）。

（2）建立和实施 HACCP 的 12 个步骤

①成立 HACCP 小组：针对具体的食品生产过程，需要事先搜集资料，了解分析国内外先进的控制办法。HACCP 小组应由具有不同专业知识的人员组成，必须熟悉企业产品的实际情况，有对不安全因素及其危害分析的知识和能力，能够提出防止危害的方法或技术，并采取可行的监控措施。

②产品描述：对产品及其特性，规格与安全性进行全面描述，内容应包括产品的具体成分和含量、物理或化学特性、包装、安全信息、加工方法、贮存方法和食用方法等。

③确定产品用途及消费对象：实施 HACCP 计划的食品应确定其最终消费者，特别要关注特殊消费人群，如老人、儿童、妇女、体弱者或免疫系统有缺陷的人。食品的使用说明书要明示由哪类人群消费、食用目的和如何食用等内容。

④编制工艺流程图：工艺流程图要包括从始至终整个 HACCP 计划的范围。流程图应包括各环节和操作步骤，不可含糊不清，在制作流程图和进行系统规划的时候，应有现场工作人员参加，为潜在污染的确定提出控制措施及提供便利条件。

⑤确认生产工艺流程图：生产流程图如果有误，应加以修改调整。如改变操作控制条件、调整配方、改进设备等，应对偏离的地方加以纠正，以确保流程图的准确性、适用性和完整性。工艺流程图是危害分析的基础，如不经过现场验证，就难以确定其准确性和科学性。

⑥危害分析及确定控制措施：在 HACCP 方案中，HACCP 小组应识别为了生产安全的食品而必须排除或是减少到可以接受水平的危害。危害分析是 HACCP 最重要的一环。按食品生产的流程图，HACCP 小组要列出各工艺步骤可能会发生的所有危害及其

控制措施，包括一些可能发生的事，如突然停电而延迟加工，半成品临时储存等。危害包括生物性（微生物、昆虫及人为因素）、化学性（农药、毒素、化学污染物、药物残留、合成添加剂等）和物理性（杂质、软硬度）的危害。在生产过程中，危害可能来于原辅料、加工工艺、设备、包装贮运、人为因素等方面。在危害中尤其是不能允许致病菌的存在与增殖及不可接受的毒素和化学物质的产生。因此，危害分析强调要对危害的出现可能分类别和程度进行定性与定量评估。

对食品生产过程中每一个危害都要有对应的、有效的预防措施。这些措施和办法可以排除或减少危害出现，使其达到可接受水平。对于微生物引起的危害，一般是采用原辅料、半成品的无害化生产，并加以清洗、消毒、冷藏、快速干制、气调等措施；加工过程采用的措施或工艺主要有：调 pH 与控制水分活度，实行热力、冻结、发酵，添加抑菌剂、防腐剂、抗氧化剂处理，防止人流、物流交叉污染等，重视设备清洗及安全使用，强调操作人员的身体健康、个人卫生和安全生产意识，包装物要达到食品安全要求等；贮运过程要防止损坏和二次污染。对昆虫、寄生虫等可采用加热、冷冻、辐射、人工剔除、气体调节等措施。如是化学污染，应严格控制产品原辅料的卫生，防止重金属污染和农药残留，不添加人工合成色素与有害添加剂，防止贮藏过程有毒化学成分的产生。如是物理因素引起的伤害，应对原料进行严格检测，采用遮光、去杂、添加抗氧化剂等办法解决。

⑦确定关键控制点：尽量减少危害是实施 HACCP 的最终目标。可用一个关键控制点（CCP）去控制多个危害，同样，一种危害也可能需几个关键点去控制，决定关键点是否可以控制主要看是防止、排除或减少到消费者能否接受的水平。CCP 的数量取决于产品的性质和工艺的复杂性。HACCP 执行人员常采用判断树来认定 CCP，即对工艺流程图中确定的各控制点使用判断树按先后回答每一个问题，按次序进行审定。

⑧确定关键控制限值：关键控制限值是一个区别能否接受的标准，即保证食品安全的允许限值。关键控制限值决定了产品的安全与不安全、质量好与坏的区别。关键控制限值的确定，一般可参考有关法规、标准、文献、实验结果，如果一时找不到适合的限值，实际中应选用一个保守的参数值。在生产实践中，一般不用微生物指标作为关键控制限值，而是用工艺参数或可现场快速监测的项目，可考虑用温度、时间、流速、pH、水分含量、盐度、密度等参数。所有用于关键控制限值的数据、资料应存档，以作为 HACCP 计划实施的支持性文件。

⑨关键控制点的监控制度：建立监控程序，目的是跟踪加工操作，识别可能出现的偏差，提出加工控制的书面文件，以便应用监控结果进行加工调整和保持控制，从而确保所有 CCP 都在规定的条件下运行。监控有两种形式，现场监控和非现场监控。监控可以是连续的，也可以是非连续的，即在线监控和离线监控。最佳的方法是连续的即在线监控。离线（非连续）监控是点控制，选取的样品及测定点应有代表性。监控内容应明确，监控制度应可行，监控人员应掌握监控所具有的知识和技能，正确使

用好温度计、湿度计、自动温度控制仪、pH 计、水分活度计及其他生化测定设备。监控过程所获数据、资料应由专门人员进行评价。

⑩建立纠偏措施：纠偏措施是针对关键控制点控制限值所出现的偏差而采取的行动。纠偏行动要解决两类问题。一类是制定使工艺重新处于控制之中的措施；一类是拟定好 CCP 失控时期生产出的食品的处理办法。对每次所施行的这两类纠偏行为都要记入 HACCP 记录档案，并应明确产生的原因及责任所在。

⑪建立审核程序：审核的目的是确认制定的 HACCP 方案的准确性，通过审核得到的信息可以用来改进 HACCP 体系。通过审核可以了解所规定并实施的 HACCP 系统是否处于准确的工作状态中，能否做到确保食品安全。内容包括两个方面，验证所应用的 HACCP 操作程序是否还适合产品，对工艺危害的控制是否正常、充分和有效；验证所拟定的监控措施和纠偏措施是否仍然适用。

审核时要复查整个 HACCP 计划及其记录档案。验证方法与具体内容如下。要求原辅料、半成品供货方提供产品合格证证明；检测仪器及标准，并对仪器表校正的记录进行审查；复查 HACCP 计划制定及其记录和有关文件；审查 HACCP 内容体系及工作日志与记录；复查偏差情况和产品处理情况；CCP 记录及其控制是否正常；对中间产品和最终产品的微生物检验；评价所制定的目标限值和容差，不合格产品淘汰记录；调查市场供应中与产品有关的意想不到的卫生和腐败问题；复查已知的、假想的消费者对产品的使用情况及反映记录。

⑫建立记录和文件管理系统：记录是采取措施的书面证据，对 HACCP 来说，没有记录等于什么都没有做。因此，认真及时和精确的记录及资料保存是不可缺少的。HACCP 程序应文件化，文件和记录的保存应合乎操作种类和规范。保存的文件有说明 HACCP 系统的各种措施（手段）；用于危害分析采用的数据；与产品安全有关的所做出的决定；监控方法及记录；用于危害分析采用的数据；与产品、安全有关的所做出的决定；监控方法及记录；由操作者签名和审核者签名的监控记录；偏差与纠偏记录；审定报告等及 HACCP 计划表；危害分析工作表；HACCP 执行小组会上的报告及总结等。

各项记录在归档前要经严格审核，CCP 监控记录、限值偏差与纠正记录、验证记录、卫生管理记录等所有记录内容，要在规定的时间（一般在下班、交班前）内及时由工厂管理代表审核，如通过审核，审核员要在记录上签字并署明时间。所有的 HACCP 记录归档后妥善保管。美国对海产品的规定是生产之日起至少要保存 1 年，冷冻与耐保藏产品要保存 2 年。

在完成整个 HACCP 计划后，要尽快以草案形式成文，并在 HACCP 小组成员中传阅修改，或寄给有关专家征求意见，吸纳对草案有益的修改意见并编入草案中，经 HACCP 小组成员一次审核修改后成为最终版本，供上报有关部门审批或在企业质量管理中应用。

参考文献

[1] 陈秋云. 生物被膜引起食品生物危害的研究——食源性病原菌生物被膜在不锈钢表面的形成过程及其对杀菌剂的敏感性 [D]. 北京：中国农业大学，2004.

[2] 董倩雯. 论我国食品安全应急管理机制 [J]. 河南司法警官职业学院学报，2016 (3)：1672-2663.

[3] 郭洪波. 动物性食品中四种致病菌多重 PCR 快速检测方法研究 [D]. 大庆：黑龙江八一农垦大学，2010.

[4] 黄福南. 危害分析关键控制点 (HACCP) [J]. 食品与发酵工业，2002，28 (2)：75-79.

[5] 季军远. 降氰真菌的筛选及其降氰特性研究 [D]. 成都：四川大学，2005.

[6] 李楠，刘希凤. 乳品加工技术 [M]. 重庆：重庆大学出版社，2014.

[7] 刘彩香. 传统酱种曲中霉菌的分离鉴定及培养条件的优化 [D]. 武汉：湖北工业大学，2011.

[8] 柳琪，滕葳，王淑艳. 危害分析与关键控制点 (HACCP) 的分析 [J]. 食品研究与开发，2004，25 (1)：117-120.

[9] 马亮. 模板法构筑纳米金复合材料及其在检测中的应用 [D]. 合肥：中国科学技术大学，2011.

[10] 倪月菊. 日本“肯定列表制度”的实施及其对我国食品和农产品出口的影响 [J]. 国际贸易，2006 (7)：22-26.

[11] 宋英华. 食品安全应急管理体系建设研究 [J]. 武汉理工大学学报，2009 (6)：164.

[12] 向红，周藜，廖春，等. 金黄色葡萄球菌及其引起的食物中毒的研究进展 [J]. 中国食品卫生杂志，2015，27 (2)：196-199.

[13] 佚名. 日本肯定列表制度——“世界上最苛刻的农残比” [J]. 农业工程技术：中国国家农产品加工信息，2006 (1)：22-25.

[14] 于丰宇. 食品中单核细胞增生李斯特氏菌的毒力研究 [D]. 重庆：西南大学，2011.

[15] 赵春艳. 世界各国食品质量安全监管制度体系比较分析 [J]. 黑龙江粮食，2015 (6)：53-56.

[16] 赵荣，陈绍志，乔娟. 美国、欧盟、日本食品质量安全追溯监管体系及对中国的启示 [J]. 世界农业，2012 (3)：6-10，31.

[17] Chen HM，Wang Y，Su LH，et al. Nontyphoid Salmonella infection：microbiology，clinical features，and antimicrobial therapy [J]. Pediatr Neonatol，2013，54：147-152.

[18] 高光亮. 论食品安全法律体系的完善 [J]. 特区经济，2007 (7)：236-237.

[19] 贺奋义. 沙门氏菌的研究进展 [J]. 中国畜牧兽医，2006，33 (11)：91-95.

［20］焦志伦，陈志卷．国内外食品安全政府监管体系比较研究［J］．华南农业大学学报（社会科学版），2010，9（4）：59－65.

［21］孔军，王萌．我国食品安全事件的特点及对策分析［J］．中国市场，2014（22）：90－91.

［22］李桂生．沙门氏菌专论（上册）［M］．秦皇岛：秦皇岛食品学会，1985.

［23］李忠斌．浅析新媒体时代食品安全问题的舆论引导与应对［J］．新闻研究导刊，2017，8（6）：140－141.

［24］廖成水．鼠伤寒沙门氏菌 Δcrp、Δcya 缺失菌株的构建及其生物学特性比较研究［D］．洛阳：河南科技大学，2011.

［25］林闽钢，许金梁．中国转型期食品安全问题的政府规制研究［J］．中国应急管理，2008（10）：20－24.

［26］孙雪露．关于食品安全管理信息不对称问题的分析［J］．科技创新与应用，2017（7）：281.

［27］谭兴和．国内外食品安全监管体系建设比较研究［J］．食品安全质量检测学报，2017，8（8）：2837－2840.

［28］赵薇，刘桂华，张秀丽．食品中沙门氏菌血清及 PFGE 分型研究［J］．中国卫生工程学，2012（6）：3－5.

［29］杨春光，王宏伟，彭心婷，等．食品病原微生物快速检测技术研究进展［J］．食品安全质量检测学报，2015，6（1）：41－47.

［30］周航．食品微生物快速检测技术研究［J］．现代食品，2018，14（25）：71－75.

［31］李莹．食品病原微生物快速检测技术研究进展［J］．生物化工，2017，3（4）：101－103.

［32］王峰．食品微生物快速检测技术研究进展［J］．中国微生态学杂志，2013，25（8）：990－993.

［33］王辉，张伟等．食品病原微生物快速检测技术及研究进展［J］．粮食与油脂，2012（4）：1－5.

［34］姚松坪，燕荣等．食品中微生物快速检测技术发展概况［J］．食品研究与开发，2017，38（4）：194－197.

［35］蒲洪兵．食品微生物快速检测技术的研究进展［J］．江苏调味副食品，2012（6）：5－8.

［36］邹小龙，姜川，郝大伟．食品微生物快速检测技术研究进展［J］．食品研究与开发，2012，33（8）：226－229.

［37］尹德凤，张莉，张大文，等．食品中沙门氏菌污染研究现状［J］．江西农业学报，2015，27（11）：55－60，72.

［38］李光辉，高雪丽，郭卫芸，等．1996—2015 年间沙门氏菌食物中毒事件特征分析［J］．食品工业，2018，39（5）：253－255.

［39］杨怀珍，牟亚，罗薇．食源性沙门氏菌的研究进展［J］．黑龙江畜牧兽医，2016（7）：69－71，75.

［40］石颖，杨保伟，师俊玲，等．陕西关中畜禽肉及凉拌菜中沙门氏菌污染分析［J］．西北农业学报，2011，20（7）：22－27.

［41］薛成玉，遇晓杰，谢平会，等．食品中沙门氏菌污染状况分析及 VITEK 微生物鉴定系统的应用［J］．中国初级卫生保健，2011，25（5）：75－76.

［42］陈玲，张菊梅，杨小鹃，等．南方食品中沙门氏菌污染调查及分型［J］．微生物学报，2013，53（12）：1326－1333.

［43］Decroos K，Vincken J，van Koningsveld G A，et al. Preparative chromatographic purification and surfactant properties of individual soyasaponins from soy hypocotyls［J］. Food Chemistry，2007，101（1）：324－333.

［44］Heng L，Vincken J P，Hoppe K，et al. Stability of pea DDMP saponin and the mechanism of its decomposition［J］. Food Chemistry，2006，99（2）：326－334.

［45］关于预防菜豆食物中毒的风险提示［J］．现代食品，2015，16：76.

［46］李楠，黎继烈，朱晓媛．蓖麻毒蛋白的研究进展［J］．中国油脂，2013，38（6）：24－7.

［47］俞红恩，康玉凡．豆类胰蛋白酶抑制剂研究进展［J］．食品工业，2017，38（4）：265－269.

［48］罗云波．食品安全管理工程学［M］．北京：科学出版社，2018.

［49］胡斌．用预测微生物学控制橙汁中酿酒酵母的研究［M］．无锡：江南大学出版社，2008.

［50］李阜棣，胡正嘉．微生物学［M］．北京：中国农业出版社，2007.

［51］郭洪波．动物性食品中四种致病菌多重 PCR 快速检测方法研究［D］．大庆：黑龙江八一农垦大学，2010.

［52］U. S. FOOD AND DRUG ADMINISTR ATION. Salmonella（Salmonellosis）［EB/OL］. 2022－11－03.

［53］Centers for Disease Contril & Prevention. Listeria（Listeriosis）［EB/OL］. 2022－11－03.